THE

ACTUCARIUM

Its Production

Composition and Therapeutic uses

CLERMONT-FERRAND

OBSERVATIONS

UPON THE

AUVERGNE LACTUCARIUM

(MILKY JUICE OF THE LETTUCE)

Lactuca lactucari (LAMOTHE).
Lactuca virosa altissima (THUILLIER).

OF

H. AUBERGIER

Doyen honoraire de la Faculté des Sciences
Président de l'Académie des Sciences, Belles-Lettres et Arts
de Clermond-Ferrand
Officier de la Légion d'Honneur et de l'Instruction publique
Grand-Officier de l'Ordre du Lion et du Soleil de Perse, etc.

CLERMONT-FERRAND

THE HISTORY

OF

LACTUCARIUM[1]

I**N all ages, the soothing properties of the lettuce have been recognised, and at times contested. « A species of hieratic halo reminiscent of ancient nobility » — to employ the fine expression of Soulié — surrounds the plant. It formed under the law of Moses, part of the paschal meal with the lamb and unleavened bread; the old Roman considered it, partaken of at eventide, to be the most efficacious means of ensuring tranquil sleep, and the hermits of Thebaid owed to it their successful warring against the ills which flesh is heir to.

In this connexion may also be cited the utterances of Alciphron, Pythagoras, etc.

Whilst Hippocrates contented himself with counselling the use of this plant as food, Dioscorides[2], Galenus[3], Celsus[4], Oribase[5], esteemed the juice of the lettuce as having properties analogous to those of opium.

---

1. Lactucarium is the thickened lacteous juice which flows naturally from incisions made in the stalks of the giant lettuce (*Lactuca virosa altissima*) (Thuillier) at efflorescence.

This product must not be confounded with Thridace an entirely inactive substance which is obtained by evaporation of the juice of the whole stem of the cultivated lettuce (*Lactuca Sativa* L.) prepared by contusion and expression. (Dᶜ Bouchardat. *Matière médicale.*)

2. DIOSCORIDES. *Opera*, lib. II, cap. 165-166.

3. GALENUS. *De Temperamentis*, lib. III, et *de Alimentis*, lib. II.

4. CELSUS. *Opera*, lib. II, p. 32.

5. ORIBASE. *Synopseos*, lib. III, cap. XII.

Celsus used to, prescribe lettuce for consumptives; Galenus relates that in order to overcome sleeplessness, which tormented his old age, he was accustomed to eat lettuce in the evening.

In our time, Dr Cox (of Philadelphia) was the first to experiment with lettuce-juice to which he gave the name of « Lactucarium ». After him came Duncan (of Edinburgh).

Before these two, Etmüller[1], Murray[2], Vibmer, Vogel, Schellinger[3], had recognised the hypnotic and calming action of the juice of the lettuce, which Tael[4] prescribed in nervous affections of the heart, Gumprecht, in hooping-cough, and Rothamel for certain nervous symptoms of serious fever.

The researches of these various authors were taken up in France by Dr Bidault de Villiers, Dr François[5], Dr Barbier, and in England, by Drs Anderson and Scudamore.

These learned observers dwelt upon the composing qualities of Lactucarium with much enthusiasm, and according to the records they have left, Lactucarium often succeeds where opium is powerless.

Perhaps allowance should be made for exaggeration, somewhat usual with the authors of a discovery, still, a product credited with such properties could not fail to be useful, and was bound to take rank in the great arsenal of materia medica.

It was only following upon the labors of M. Aubergier, in 1850, that Lactucarium really made its appearance in therapeutics. Until that period it merely formed an object of curiosity; indeed Dr Bidault de Villiers gives us an idea of its rarity and of the difficulty experienced in preparation, by avowing that he never

1. ETMULLER. *Opera.* Lugduni, 1680, t. X, p. 857.
2. MURRAY. *App. med.*, t. I, p. 167.
3. SCHELLINGER. *Journal de médecine*, t. XL, p. 232.
4. TAEL. *Journal universel des sciences médicales*, t. XLII, p. 127.
5. FRANÇOIS. *Arch. gén. de médecine*, June 1825, p. 264.

had in his possession more than half an ounce of dried lettuce-juice, and by expressing his ardent hope that one day, this product regarded by him as a precious acquisition to the healing art, might be placed at the disposal of medical men.

Dr Bidault de Villiers did not have the satisfaction of seeing his wish realised, that modest but learned practitioner having died some years before the discovery by M. H. Aubergier, of Lactucarium culture on a large scale.

Thus it is shown beyond the possibility of denial, that if M. Aubergier did not actually discover Lactucarium, he nevertheless brought it into common use ; and it may be further claimed, that to him is due the honor of endowing medicine with this product now obtainable in a manner satisfying all needs.

Cultivation and yield of Lactucarium in Auvergne.

As just stated, at the death of M. Bidault de Villiers Lactucarium was a rarity and therefore unemployed. Robart, François, Cavantou, and several therapeutists and pharmacologists attempted its production in quantities, but without success. Then M. Aubergier undertook his studies upon the lettuce and its pharmaceutical preparations. The result of his prolonged experiments was that all preparations of cultivated lettuce used in medicine and inscribed in the french *Codex*, were found to be without any therapeutic value, whereas Lactucarium (of which he successfully harvested a small quantity at this period) the milky juice flowing naturally from the incised stalk of this plant, alone possessed medicinal properties.

This first fact ascertained, M. Aubergier inspired by the prospect of offering to therapeutics a preparation if not undiscoverable, at least of such scarcity that its employment was impossible, set to work in order to conquer the difficulties opposed to the extensive production of Lactucarium.

Possessed of great will and energetic tenacity, the passionate friend of science, he strove without weakness or discouragement, so long as the obstacles encountered in his course were unsurmounted.

The problem was to discover in the genus *Lactuca*, a species capable of yielding Lactucarium profusely, and besides, a Lactucarium rich in active principle. A conception can be formed of the time elapsing between each essay, and of the difficulties which M. Aubergier had to Surmount, by reflecting that a lettuce-seed planted in the earth can only give forth a stalk fit to be incised, after a whole year's cultivation.

M. Aubergier for ten years made experiments with all varieties of the genus *Lactuca*, gathered from every quarter of the globe ; and his researches ended by the preference being given to the giant lettuce (*Lactuca virosa altissima*) (Thuillier) which provides an abundant product of superior quality.

So much toil and perseverance, and the many sacrifices made were eventually rewarded the day on which Professor Chevallier in a sitting of the Paris Academy of Medicine, was enabled to state in a remarkable report, « *that he had seen M. Aubergier — by a process carried out before his own eyes and which he would describe in detail — gather* « Lactucarium » *from the fertile plains of Limagne by hundreds of kilogammes* [1]. »

In 1876, the Scientific Association of France, assembled in congress at Clermont-Ferrand, visited the lettuce-farms of M. Aubergier, and we can hardly do better than quote the following passage relating to this visit, published in the *Revue scientifique* [2].

« There is a culture in the neighbourhood of « Clermont, which has become greatly developed,

---

1. *Bulletin de l'Académie de médecine de Paris*. t. XVI, p. 1192.
2. *Revue scientifique*, 6° année, 2° série, n° 31, p. 735.

« namely that of the giant lettuce (*Lactuca virosa altis-*
« *sima*) (Thuillier), now covering 10 hectares of this
« eminently fertile soil of Limagne.

« We will specially refer to two very interesting
« points relating to this great Auvergne industry; the
« first is the choice of the plant cultivated ; the second
« is the mode of preparing Lactucarium.

« M. Aubergier was led to choose the giant lettuce
« because it belongs to a stable race which reproduces
« itself with the same attributes for a great many years,
« and further, on account of its yield being abundant
« and of superior quality.

« Lactucarium is obtained by making transverse inci-
« sions in the stalks of the giant lettuce at its flo-
« wering season.

« Women are employed in this work from the 10th
« July until the 20th August.

« The harvest amounts daily, to as much as 1 kilo-
« gramme for skilful hands, but the average is
« 600 grammes; thus whilst Drs Cox, Duncan, and
« Bidault de Villiers declare they could only get
« 10 to 15 grammes, M. Aubergier produces Lactuca-
« rium by hundreds of kilogrammes.

« The Auvergne Lactucarium of M. Aubergier pos-
« sesses something of the physical characteristics of
« opium. As a comparison it may be said that if opium
« is the calming narcotic product of a plant of the papa-
« veraceæ family, Lactucarium stands in the same rela-
« tion to a species of the great tribe of the Compositæ,
« and if not provided with such energetic properties as
« those of its powerful rival, is at the same time not
« burdened with the inconveniencies attending the
« strength of the latter.

« Attempts have been made in Germany and other
« countries, to manufacture. Lactucarium but the out-
« come is merely *an impure preparation destitute of the-*
« *rapeutical qualities.*

This is scarcely surprising when it is remembered that german Lactucarium is supplied at 30 francs the kilogramme, whilst the Auvergne Lactucarium rich in lactucin, costs on an average, from 280 to 300 francs.

Lactucarium such as is harvested in Auvergne, develops in the form of circular cakes a deep reddish brown in color, at least when old. If new on the contrary, it is creamy white, and this tint soom becomes opaque with a waxy appearance. Its odor is especially strong recalling that of opium. In flavor it is very bitter.

The Auvergne Lactucarium furnished by *Lactuca altissima* is rather complex in composition. Besides coloring matter, resin, albumen, gum, oxalic, malic, citric, and succinic acids, sugar, mannite, asparagine, nitrates and phosphates of potash, lime and magnesia, a sweet-smelling volatile oil, etc., it contains active principles; lactucerine, lactucin, and in particular, lactucic acid.

The formula of *lactucerine* is $C^{11}H^{12}O^3$; it is an insipid substance which takes the form of inodorous particles void of color, and is present in Auvergne Lactucarium in the proportion of 5,07 per cent. It is insoluble in water alone, but readily dissolves in alcoholised water.

Lactucin appears to be the principal active agent of Lactucarium. According to Kromayer and Ludwig, its formula is $C^{22}H^{13}O^7$. It is a crystalline bitter substance soluble in warm water and alcohol.

Fronmuller found it to possess hypnotic properties but less powerful, and not so constant as those of Lactucarium.

This proves clearly that it is the same with Lactucarium as with opium. Multifarious active principles are existent therein, and in order to obtain certain effects, especially the calming effects, it is much better to have recourse to Lactucarium itself than to any one of its principles singly.

Therapeutical properties
of Lactucarium

ALL writerswho have dealt with Lactucarium have compared it to opium. To Dr Cox [1] (of Philadelphia), Dr Duncan (of Edinburgh), to Dr Bidault de Villiers, Dr Barbier, Professor Martin-Solon, as also to the physicians and physiologists who, since these first introducers of Lactucarium into medicine, have experimented therewith, this comparison has appeared to be well founded both in regard to medical action and physical characteristics.

Magendie, François, Serres, Trousseau, Grisolle, Gueneau de Mussy, Deschamps d'Avallon, Delioux, Gübler, Dujardin-Beaumetz and Bouchardat, all have agreed in recognising that M. Aubergier's Auvergne Lactucarium possesses the sedative and calming properties of opium without its drawbacks; that is to say : Lactucarium neither gives rise to obstinate constipation, cerebral congestion, nor loss of appetite which frequently result from the use of opium[2]. On this account, whenever a general sedative effect is necessary without trouble to the brain, Lactucarium should be employed. It is especially efficacious in affections of the respiratory organs, bronchitis, convulsive coughs, hooping-cough, chronic catarrh, etc. It is beneficially prescribed in all cases of overexcitement of the nervous system, and for combatting sleeplessness so often accompanying convalescence after illness of long duration.

According to Professor Martin-Solon [3], 30 grammes of Aubergier's syrup are reckoned as being equivalent to 25 grammes of white poppy syrup, but without

---

1. Cox. Trans. of the American phil. soc. 1799.
2. BOUCHARDAT. Matière médicale, 1873, p. 69.
3. MARTIN-SOLON. Bulletin de thérapeutique, t. IX, 1835.

the shortcomings of the latter, particularly in the treatment of children.

Trousseau for his part, succeeded in obtaining rest and calm with Lactucarium.

As Dr Delioux justly observes, the fact that Lactucarium does not in the least act upon the brain like opium, is irrefutable proof of the hypnotic calming virtue peculiar to Lactucarium. Moreover this indicates the source of its powers, and the reason of its successes confirmed as they now are, by many years of clinical experience during which medicine has put the qualities of Lactucarium to good use, notably in infantile treatment. Trousseau used to say that but for opium, he must have renounced therapeutics, and it may be added as a corollary to this axiom, that failing Lactucarium, the practice of infantile medicine would be wellnigh impossible.

The recent researches of Fronmuller, Skworzoff and Sokolowski, of Wibmer and Schroff have sustained the views of the precedent authors.

Fronmuller has verified the hypnotic action of Lactucarium in adults and children, but he rightly insists upon the necessity of a good preparation. When making use of the impure commercial products, he was obliged to increase the doses considerably, without being able, in all cases, to bring about the desired results.

Skworzoff and Sokolowski[1] remarked the diminution in reflex excitability, volontary movements and sensibility.

It seems fortunate that Lactucarium does not stand in need of such strong properties as opium, for it would then be attended by the inconveniencies inherent in the narcotic power of opium. It is sufficient that the action of this new agent is manifest and incontestable, however feeble it may be; and indeed the relative weakness constitutes, in the eyes of certain medical men, a substantial advantage, because it renders the

---

1. SKWORZOFF and SOKOLOWSKI. Studies of the Moscow Laboratory of Pharmacology, 1876, p. 267.

gradual use of narcotics possible, by resorting to the weakest, « Lactucarium, » first, or if not sufficiently effective, and a more active agent be considered necessary, passing on to opium. No clearer proof could be adduced that Lactucarium met all these requirements, than the facts gathered together in the service of Dr Caron at the Hotel-Dieu in Paris and published in the *Gazette des Hôpitaux.*

« Effectively, *out of sixteen observations* reported, in
« two only was Lactucarium absolutely inactive. In the
« fourteen others its action was more or less marked,
« but always sensible, even upon patients accustomed
« to the use of opium ; thus it ensured durable sleep to
« a woman suffering from cancer, and who had previous-
« ly taken extract of opium pills (Obs. XV). When
« Lactucarium after producing useful effects for a leng-
« thened period, became no longer potent, the patient
« being at the point of succumbing, opium was equally
« unavailing (Obs. XIV). Patients who had experienced
« marked relief under the influence of Lactucarium,
« derived none from opium, so far that Lactucarium,
« was again earnestly asked for [Obs. XII). In cases of
« convalescence from typhoid fever which absence of
« sleep rendered more painful, sleep returned under
« the influence of Lactucarium, in fact, one patient
« said she slept better from the first day, than
« she had done before her illness (Obs. VII and XI).
« Finally this medicament acts without causing
« nausea, cephalalgia, dreams, or the least heaviness
« in the head ; in short, it leaves so few traces of its
« action, that patients not only declare their sleep is
« good, but further that they are not so benumbed as
« after taking opium pills (Obs. IV) [1]. »

If we now make a résumé of the principal properties of Lactucarium, we see that this body is at once sedative, calming and hypnotic. Therefore it is prescribed

---

[1]. *Gazette des Hôpitaux,* 40th year, May 30 1867.

in all cases calling for these effects unaccompanied by the depressing action on the brain which proceeds from opium.

Besides its uses for adults, which can only be generalised in view of the well-known and too numerous failings of opium, Lactucarium has completely superseded the latter as a preparation for children.

All writers with one accord emphatically condemn the employment of opium for children, if, as surely must be the case, it is desired to avoid grave, and sometimes terrible, accidents. These accidents need not be feared with Lactucarium.

Its effects at this point are quite clear and extremely favorable. A child's organism adapts itself with ease to the relatively feeble action of Lactucarium. But once again, it is necessary to call attention to the vital fact that the results obtainable, depend upon the quality of the product, and consequently to avoid relapses, impure commercial products sold under the name of Lactucarium, at a price in itself proving their bad quality, should never be employed.

THE MODE OF ADMINISTERING LACTUCARIUM

Lactucarium may be used :

1° In its natural state; 2° In the form of alcoholic extract; 3° In the form of syrup.

The observations of Messrs Bertrand, Serres and Magendie, resulted in the preference being accorded to the syrup prepared with alcoholic extract.

These doctors observed that a weight of 30 centigrammes, the average daily dose of Lactucarium, produced less effect than the like weight treated with boiling water and converted into syrup.

Aubergier's Syrup with Lactucarium.

Dr Bertrand, director of the Medical School at Clermont-Ferrand, inspector of the Eaux du Mont-Dore, characterised fittingly the action of Lactucarium amongst his observations made in the hospitals of that town. He stated with precision the limits within which it is exercised, and all he says on this subject is confirmed by the facts since collected, and those noted in the practices of Messrs Serres and Magendie.

An observation made by Dr Bertrand serves as a rule for the proportion to be adopted in the syrup-formula. That eminent observer reports that in a well-determined case of pulmonary phthisis, 30 centigrammes of Lactucarium administered in three doses a day, morning, noon, and evening, had *calmed*, completely and lastingly, a frequent, deep-seated, convulsive cough, which prevented all sleep, and was thus wearing away the patient's strength with double rapidity. The formula of Aubergier's Syrup is computed with strict accuracy, so that one table-spoonful shall contain the entire soluble principles of 10 centigrammes of Lactucarium. Three table-spoonfuls taken during the day, therefore, represent exactly 30 centigrammes of Lactucarium, or the dose productive of the effect described by Dr Bertrand.

It should not be forgotten that as the active principle of Lactucarium cannot be separated from the resinous matter accompanying it, except by the prolonged and repeated action of boiling water, it is certain that the extract which exists in a dissolved state in the syrup, will act in a more prompt and efficacious manner than in pilular form.

A trifling dose in syrup will produce more effect than a much stronger one made up in pills, where it is simply left to the juices of the digestive apparatus to replace the dissolving strength of boiling water.

Opinion of M. Orfila.

Doyen of the Paris Faculty of Medicine, member of the Academy of Medicine, and of the General Hospital Council of Paris, in regard to M. Aubergier and his preparations [1].

« I must tell you that I am delighted with the resolu.

---

1. *Bulletin de l'Académie de médecine*, t. XVII, p. 177.

tion which has just been taken, to accord to M. Aubergier for his Lactucarium preparations, the benefit ot the
decree of May 1850. The Academy has rendered hom-
mage to a distinguished man, to the professor of a pre-
paratory school, to a man who has passed ten years of
his life in elucidating a weighty and important question,
and who has done it with great devotion. Truly it is a
reward. It is likewise an encouragement to those who
may wish to follow in the same path. »

Opinion of M. Dumas.

*Member of the Institute of the Academy of Medicine, of the Supe-
rior Council of Public Instruction, formerly Minister of education.*

« M. Aubergier by endowing the Healing Art with a
medicament as sedative and calming as opium without
its narcotic imperfections, has rendered an immense
service to medicine. Lactucarium will shed lustre upon
the learned professor of the School of Medicine and
Pharmacy at Clermont-Ferrand. »

Opinion of Dr Bouchardat.

Professor at the Paris Faculty of Medicine.

« Complete innocuousness, perfectly manifest effica-
city in bronchitis and influenza, have secured for
Aubergier's syrup immense favor. »

Opinion of Dr Deschamps d'Avalon.

Author of the Compendium of Practical Pharmacy.

« In the experiments which we have made with
Dr Debout, and they were numerous and varied, Aubergier's Syrup was always given successfully, for the
purpose of contending with the insomnia, so frequently
attending convalescence from long illnesses, and in the
various affections of the respiratory organs, without
causing nausea, griping of the stomach, or headaches. »

THE ADMINISTRATION OF AUBERGIER'S SYRUP

We can hardly do better here, than quote verbatim, the opinion of professor Sersiron.

« The syrup is given with success in all cases of *overexcitement of the nervous system*, for *insomnia* which so frequently accompanies convalescence after prolonged illnesses, for *palpitations of the heart* not being the result of anatomical deterioration of that organ, for *intestinal neuralgia* ; in short, whenever it is necessary to produce a sedative effect.

« But above all, it shows itself conspicuously efficacious in climates experiencing sudden variations in temperature, where *affections of the respiratory organs. Slight bronchitis* and *colds*, rarely resist the use of this syrup for many days. *Convulsive coughs* and *hooping-cough* are invariably corrected in a notable manner, the fits diminishing in frequency, and intensity.

« In *chronic catarrh*, the cough and the mucous secretion are markedly decreased ; the crises which in winter, recur almost every moment, are quickly dissipated by a table-spoonful or two of syrup to be taken from the outset, when retiring to rest. »

We will conclude with the important statement, which we make without fear of contradiction, that Aubergier's Syrup is prescribed by the majority of the physicians and professors of the Paris Faculty of Medicine : Peter, Potain, Germain Sée, Grancher, Hayem, Bouchard, Dieulafoy, Richelot, Strauss, Constantin Paul, Auger, Blachez, Rigal, Monod, Jules Simon, Chauffard, Dujardin-Beaumetz, Royer, Grizolle, etc., etc. [1].

---

1. The pectoral paste, a useful auxiliary of Aubergier's Syrup, but less active, is to be prescribed in *affections of the respiratory passages*, for persons exposed to the inclemency of the seasons, or who have to do much speaking.
The dose is from four to ten pieces daily.

LACTUCARIUM CULTURE

Manufacturing Laboratory

OF AUBERGIER'S SYRUP AND PASTE

Clermont-Ferrand (Auvergne) FRANCE

RETAIL : **Of all chemists and druggists**

WHOLESALE :

FRANCE : COMAR & Co, 28, rue Saint-Claude, PARIS

AMERICA : FOUGERA & Co, 30, North-William St. NEW-YORK

UNITED KINGDOM : F. COMAR & Son, 64, Holborn Viaduct, London E. C.

Honors and Distinctions Awarded

Aubergier's Lactucarium Syrup, and Paste *have been approved by the Academy of Medicine, and by ministerial decree dated March 10, 1854, their formulæ were inserted in the* French. Official Register of Prescriptions *(Codex).*

In addition, M. AUBERGIER *gained, for his rearing of the Lactucarium lettuce, a prize of 2.000 francs and a gold medal given by the Society for the Encouragement of National Industry.*

Further distinctions obtained are, the medals of honor at the Universal Exhibitions of Paris, 1855, London, 1862; 8 gold medals from the Paris School of Pharmacy, the Central Society of Agriculture, the Ministry of Agriculture and Trade; and finally, as an award due to M. Aubergier's exceptional labors :

the Cross of Officer of the Legion of Honor.

Printed at Mâcon, France, by Protat Frères, Printers.

161

MACON, PROTAT FRÈRES, IMPRIMEURS.

RAPPORT DU JURY D'ADMISSION

SUR LE LACTUCARIUM,

Présenté par M. AUBERGIER, Fabricant de Produits chimiques et pharmaceutiques,

A CLERMONT-FERRAND.

M. AUBERGIER, docteur ès sciences, professeur à l'école de médecine de Clermont, a présenté au jury environ 50 *kilos* de suc laiteux de la laitue montée, obtenu par incisions et desséché au soleil, que l'on connaît sous le nom de *Lactucarium*. Ce produit est regardé depuis long-temps comme pouvant être employé utilement en médecine. Un grand nombre d'observateurs s'accordent, en effet, pour reconnaître au Lactucarium des propriétés calmantes et somnifères très-prononcées, propriétés qui se manifestent sans entraîner avec elles aucun des inconvénients attachés à l'usage de l'opium. C'est en diminuant la rapidité de la circulation, et par conséquent la trop grande chaleur qui en est la suite, qu'il modère les douleurs, et ramène dans toute l'économie cet état de calme qui détermine le sommeil chez les personnes nerveuses et irritables, aussi bien que chez celles qui sont tourmentées par une insomnie fatigante à la suite de travaux excessifs de cabinet, ou dans les convalescences qui suivent de longues maladies. Il fait passer des nuits tranquilles, sans agitation ni chaleur à la peau, aux sujets valétudinaires qui répugnent à prendre de l'opium ou qui ne peuvent le supporter. L'action du Lactucarium paraît toute spéciale dans les divers états qui supposent une exaltation du système nerveux. Il ralentit et régularise les mouvements du cœur, il calme les accès de toux qui ruinent les forces des phthisiques, et en éloigne le retour. On a encore recours avec succès à ce médicament dans les rhumes, les catarrhes, les toux nerveuses, l'asthme spasmodique, la coqueluche, les spasmes d'estomac, etc. Enfin, l'emploi du Lactucarium est indiqué toutes les fois qu'il s'agit de produire un effet sédatif, sans porter au cerveau, ainsi que le fait l'opium.

Mais la difficulté que l'on éprouvait pour obtenir le suc *laiteux* de la laitue par incisions en avait rendu l'emploi impossible jusqu'à présent. Aussi le docteur Bidault de Villiers, après avoir

exposé les résultats qu'il avait obtenus avec *cinq ou six grammes de Lactucarium* recueillis à grand'peine, faisait-il des vœux pour qu'on parvînt un jour à préparer en grand une substance qui lui paraissait devoir prendre un rang si utile dans la thérapeutique.

Ce but, M. Aubergier est parvenu à l'atteindre en cultivant une espèce de laitue qui acquiert, par la culture, des proportions gigantesques (trois mètres d'élévation). Les surfaces sur lesquelles on opère les incisions étant plus grandes, le suc laiteux en coule en abondance. Peut-être aussi M. Aubergier doit-il rapporter une partie du succès qu'il a obtenu dans les essais dans lesquels tant d'autres ont échoué, aux conditions favorables dans lesquelles il était placé, à la fertilité des terrains de la Limagne, cette terre promise pour toutes les cultures.

Les résultats des recherches de M. Aubergier ont été présentés avec des éloges à l'Académie des sciences. On remarque le passage suivant dans un rapport fait à l'Académie de médecine : « Le Lactucarium, *obtenu avec tous les caractères que lui ont attribués les premiers observateurs*, est un médicament précieux. Aux observations faites en Ecosse et en France, M. le docteur Bertrand fils vient d'en ajouter de récentes qui confirment l'action sédative et l'innocuité *de ce doux succédané de l'opium*. »

Ainsi, l'emploi du Lactucarium promet de soustraire le pays à un impôt considérable qu'il paie à l'étranger, et, ce qu'il y a de plus important encore, lorsqu'il s'agit d'un médicament, le produit indigène est exempt des inconvénients du produit exotique.

Nous ne devons pas négliger de faire remarquer que les résultats obtenus par M. Aubergier ouvrent la voie à de nouvelles applications : les sucs laiteux qui s'écoulent d'incisions pratiquées aux plantes, et qui s'évaporent spontanément par une simple exposition au soleil, sont beaucoup plus riches en principes actifs que nos extraits, avec quelque soin qu'on les prépare. On en trouve un exemple remarquable dans la THRIDACE, extrait préparé par l'évaporation sur le feu du suc obtenu de la laitue en exprimant la plante entière, et que l'expérience médicale a démontré être tout-à-fait inerte. Une différence dans le mode de préparation de deux produits, qui ont pourtant la même origine, en introduit une si grande dans leurs propriétés, que LA THRIDACE EST presque SANS ACTION, *comme l'a très-bien fait remarquer le rapport de l'Académie de médecine*, tandis que le Lactucarium a une efficacité réelle que tous les médecins qui ont étudié ses effets ont reconnue, etc., etc.

OBSERVATIONS

SUR L'EMPLOI DU LACTUCARIUM,

Par M. SERSIRON,

Professeur à l'École préparatoire de Médecine et de Pharmacie de Clermont-Ferrand.

Plusieurs années de recherches ayant enfin appris à retirer de la laitue son suc laiteux en assez grande quantité pour pouvoir le livrer aux préparations de la pharmacie usuelle, j'ai été appelé l'un des premiers à expérimenter cet agent thérapeutique, dont M. Aubergier venait de doter la matière médicale. Voici le résumé succinct d'expérimentations nombreuses répétées depuis trois ans, tant à l'Hôtel-Dieu que dans la pratique civile.

De toutes les préparations de Lactucarium que j'ai successivement essayées, j'ai été amené à reconnaître que la plus facile à employer, celle qui donne les résultats les meilleurs et les plus constants, est le sirop composé d'après la formule de M. Aubergier.

Je dois ajouter que la préparation du sirop de Lactucarium exige une connaissance si complète des propriétés de cette substance, pour ne négliger aucune des précautions nécessaires pour la préserver de toute altération, que ce sirop a besoin, pour réussir, d'avoir été préparé avec tous les soins que lui donne l'auteur.

On donnera ce sirop avec succès dans tous les cas de surexcitation du système nerveux, contre l'insomnie dont s'accompagne souvent la convalescence des maladies de longue durée, contre les palpitations de cœur qui ne résultent pas d'une altération anatomique de cet organe, contre les névralgies intestinales, toutes les fois, enfin, qu'on aura besoin de produire un effet sédatif. Mais c'est surtout dans les affections des organes respiratoires qu'il se montre le plus efficace. Les bronchites légères, si communes dans notre climat, à variations si brusques dans la température, résistent rarement pendant quelques jours à l'usage du sirop de Lactucarium. Les toux convulsives, la coqueluche, sont habituellement amendées d'une manière notable. Les accès diminuent de fréquence et d'intensité.

Dans les catarrhes chroniques, la toux et la sécrétion muqueuse sont notablement diminuées. Les crises qui renaissent à chaque instant en hiver sont promptement dissipées par une cuillerée ou deux de sirop que l'on prend dès le début au moment de se coucher.

Dans la phthisie pulmonaire, l'usage de ce sirop calme les accès de toux et modère l'abondance de l'expectoration. Dans presque tous les cas, les nuits, ordinairement si tourmentées, retrouvent du calme et du sommeil. Ce médicament n'échappe pas au sort commun de tous les agents de la matière médicale, à l'habitude, et par suite à la nécessité d'en augmenter progressivement la dose. Je possède cependant une observation curieuse de sa persistance d'action :

Mme N., âgée de 38 ans, d'une constitution essentiellement nerveuse, avait eu de 18 à 25 ans plusieurs hémoptysies. Assaillie plus tard par des peines de toutes sortes, elle vit se développer chez elle tous les signes de la phthisie pulmonaire. Pendant trois ans j'avais eu recours à tous les moyens employés et préconisés en pareil cas pour combattre les accès de toux, la douleur, l'insomnie. Il est inutile de dire que l'opium, sous toutes les formes, avait été essayé à plusieurs reprises, et toujours sans succès, ou du moins avec si peu de durée, qu'il fallut bientôt y renoncer.

Enfin le sirop de Lactucarium est administré, et aussitôt la toux et l'expectoration diminuent, et le sommeil reparaît. L'usage en est suspendu pendant quelques jours; aussitôt reviennent l'insomnie, les accès de toux, la douleur. Il en a été de même après chaque essai d'abandon de ce remède. Aussi, a-t-il été continué pendant trois mois consécutifs qu'a encore duré la maladie de Mme N., évitant à cette malade des douleurs vainement combattues par d'autres moyens.

Mode d'administration du sirop de Lactucarium de H. Aubergier.

La dose ordinaire, chez un adulte, dans les affections légères, est de deux ou trois cuillerées à bouche par jour, prises, la première, le matin; la seconde, à midi; la troisième, le soir. On peut augmenter progressivement cette dose, ou l'administrer par cuillerées à café, d'heure en heure, dans le courant de la journée, en laissant un intervalle d'une heure avant ou après le repas. Le plus souvent je fais prendre le soir et au commencement de la nuit, une cuillerée de sirop, et quelquefois deux; je prescris une autre cuillerée le matin, ou dans le milieu de la journée, pour prévenir les exacerbations qui se présentent dans la soirée.

Pour les enfants, la dose est d'une cuillerée à café, que l'on donne le soir; quelquefois, on donne une autre cuillerée à café le matin ou dans le courant de la journée.

Clermont-Ferrand, Imp. de Praot.

RECHERCHES

SUR

LE LACTUCARIUM,

PAR H. AUBERGIER,

Docteur ès-sciences, professeur suppléant à l'École préparatoire de médecine et de pharmacie de Clermont-Ferrand.

—

Extrait.

Depuis un temps immémorial, l'on attribue et l'on conteste tour à tour des propriétés calmantes à la laitue cultivée. Si Hippocrate se contentait de conseiller l'usage de cette plante comme aliment, Dioscoride considérait le suc laiteux qui abonde surtout à l'époque de la floraison, comme ayant des propriétés analogues à celles de l'opium. Celse prescrivait la laitue aux phthisiques pour leur procurer du calme et du sommeil, et Galien raconte que, pour chasser les insomnies qui le tourmentaient dans sa vieillesse, il ne connaissait pas de meilleur moyen que de manger le soir de la laitue. (*Itaque lactuca, vespere commensa, unicum mihi insomniæ erat ἀλεξιφαρμακον.*)

Dans des temps plus rapprochés de nous, en 1792, le docteur Coxe, de Philadelphie, fit un grand nombre d'expériences sur le suc laiteux de la laitue des jardins, et il le considéra comme ayant de l'analogie avec celui du pavot, ainsi que l'avait dit Dioscoride deux mille ans auparavant.

En 1810, les expériences du docteur Coxe furent répétées avec plus de suite et de succès par le docteur Duncan d'Édimbourg. Les observations publiées par cet habile médecin ont mis hors de doute les propriétés calmantes du suc laiteux de la laitue, qu'il nomma lactucarium. Le docteur Duncan assure que le lactucarium réussit souvent là où l'opium a échoué. Il fut administré contre les coliques, pour calmer la toux qui ruine les forces des phthisiques, et toujours avec avantage. Son action se montra toute spéciale dans les affections nerveuses, les maladies des hypochondriaques. Enfin des douleurs rhumatismales, des spermatorrhées rebelles ont été soulagées ou guéries par l'usage de ce médicament.

Anderson a remarqué que le lactucarium, administré à doses trop faibles pour ramener le sommeil, procurait des nuits tranquilles, sans agitation ni chaleur à la peau, chez les sujets valétudinaires qui répugnaient à prendre de l'opium, ou qui ne pouvaient le supporter. Ces observations ont été confirmées ou étendues par Scudamore, qui a traité avec succès, par le même médicament, l'asthme spasmodique, la coqueluche, des spasmes d'estomac, des attaques de goutte irrégulière.

Le docteur Bidault de Villiers est le premier qui ait répété en France les essais des médecins anglais. Il recueillit lui-même le suc nécessaire à ses expériences en pratiquant des incisions aux tiges de la laitue montée à l'époque de la floraison.

Un homme atteint d'une violente colique qui avait résisté pendant plusieurs jours à tous les médicaments employés pour la combattre, fut mis le premier à l'usage des pilules de lactucarium, et il s'en trouva soulagé. Encouragé par ce premier succès, le docteur Bidault de Villiers administra le même remède à une femme atteinte d'une affection nerveuse à l'estomac à la suite de profonds chagrins : cette femme fut complétement guérie. Un individu tourmenté par des douleurs de tête qui causaient des anxiétés singulières, fut délivré de cette affection. Enfin un ecclésiastique en proie à des suffocations, des inquiétudes, des agitations qui l'empêchaient de rester au lit, ne vit son état s'améliorer que par l'usage du lactucarium uni à la poudre de digitale pourprée ; cette association a parfaitement réussi entre les mains de Schelinger pour combattre les affections du cœur et l'angine de poitrine, surtout lorsqu'il y avait complication d'hydropisie et de palpitation.

Enfin le docteur François a expérimenté à son tour le suc laiteux de la laitue, et il a consigné en 1825, dans les *Archives générales de médecine*, un grand nombre d'observations qui confirment tout ce que ses devanciers avaient avancé.

De pareils résultats, constatés à la fois en Amérique, en Angleterre et en France, devaient placer promptement le lactucarium au rang des agents thérapeutiques les plus utiles et les plus employés. Mais les difficultés qui entouraient la préparation de ce produit s'opposèrent à ce que l'usage en devint général. L'un des observateurs que je viens de citer, le docteur Bidault de Villiers, nous donne une idée de ces difficultés, lorsqu'il avoue n'avoir jamais possédé à la fois plus de 15 grammes de suc laiteux desséché, quoiqu'il ait opéré sur un grand nombre de laitues : aussi termine-t-il son Mémoire en exprimant le découragement que lui ont causé de pareils résultats, et en faisant des vœux pour qu'on parvienne un jour à mettre à la disposition des médecins un médicament qu'il regarde comme une acquisition précieuse pour la thérapeutique. Ce vœu fut entendu ; mais ceux qui songèrent à le réaliser éludèrent la difficulté en cherchant à retirer de la laitue des préparations qu'ils supposaient douées des propriétés du lactucarium et qui avait sur lui l'avantage de pouvoir être obtenues plus parfaitement et à des prix moins exorbitants.

Après divers essais, M. Probart s'arrête au procédé suivant : traiter successivement par macération dans l'eau pendant vingt-quatre heures l'écorce et les vieilles feuilles, et par décoction pendant deux heures. Les liqueurs obtenues doivent être évaporées sur des assiettes jusqu'à ce qu'elles aient acquis la consistance d'extrait.

MM. François et Caventou proposèrent d'employer les tiges entières de laitue montée, de les exprimer pour en extraire ensuite le suc par expression, puis de faire évaporer ce suc avec précaution. Un perfectionnement fut apporté plus tard à ce procédé. Il consistait à se servir seulement de l'épiderme pour en retirer le suc destiné à la préparation de l'extrait, et l'on sait que les premières couches corticales sont précisément le siége des réservoirs qui renferment le suc laiteux. Mais ce mode de préparation est excessivement dispendieux par la longueur des manipulations qu'il exige, et par la petite quantité de produit qu'il fournit : aussi n'a-t-il pas été généralement adopté. Les meilleures pharmacopées conseillent de préparer l'extrait avec les tiges entières, et c'est cet extrait qui est connu sous le nom de thridace.

Je dois faire observer ici que ce n'est pas à cette préparation que le docteur François avait donné primitivement le nom de thridace. Voici comment s'exprime à cet égard M. Richard dans son excellent Traité d'histoire naturelle médicale. Je cite textuellement ses paroles, parce qu'elles résument parfaitement la question.

« Le docteur François avait donné le nom de thridace au suc propre et laiteux concrété que Duncan déjà avait nommé lactucarium : préparé ainsi, c'est un médicament énergique. Mais comme on n'en obtient qu'une très petite quantité, on a proposé de contondre et d'exprimer les tiges, puis d'évaporer doucement en consistance d'extrait. Cette préparation, à laquelle on a conservé à tort le nom de thridace, est beaucoup moins active, et on peut la donner à doses incomparablement plus fortes. Il est résulté de là que les médecins faisant usage d'un médicament qui, à raison de son mode de préparation, est beaucoup moins actif, en ont presque cessé l'emploi. »

La thridace dégénérée est donc un médicament tellement inoffensif qu'elle a compromis aux yeux des praticiens la réputation de la plante qui la fournit.

Dans cet état de choses j'ai pensé qu'on devait revenir au suc laiteux recueilli par incisions, que je désignerai désormais sous son ancien nom de lactucarium, pour éviter toute confusion. Les difficultés qui se sont opposées à ce qu'on obtint ce produit en grand m'ont paru n'être pas insurmontables ; d'ailleurs, dût-on échouer, une substance qui a été préconisée par tant de praticiens distingués méritait bien qu'on fit de nouveaux efforts pour vaincre les obstacles qui ont empêché jusqu'ici de la mettre à la disposition des médecins.

Soutenu par cette pensée, je ne me suis pas laissé décourager par mes premières tentatives, qui ont été infructueuses. J'ai varié mes expériences, et après six années d'alternatives de succès et de revers, je suis parvenu à atteindre le but que je m'étais proposé; mais je dois en rendre grâce au concours de mon père, qui, non seulement m'a aidé de ses conseils et de son expérience en agriculture, mais encore qui a bien voulu surveiller lui-même mes plantations; c'est sous sa direction qu'ont été réalisées des améliorations importantes dans la culture des laitues et la récolte du suc.

La comparaison établie entre le suc de la laitue et celui du pavot nous a guidés dans nos recherches. Quoique toutes les espèces du genre pavot contiennent le suc laiteux avec lequel on prépare l'opium, cependant ce produit ne peut être obtenu commercialement par incision qu'en cultivant les espèces dans lesquelles les péricarpes atteignent un développement suffisant. La récolte en deviendrait impossible si l'on s'adressait à certains pavots que nous ne connaissons qu'à l'état sauvage, par exemple au pavot douteux ou au pavot-coquelicot.

Je ne pouvais donc espérer résoudre le problème que je m'étais proposé qu'en choisissant, pour les cultiver, des espèces dont le suc laiteux aurait la même composition et les mêmes propriétés que celui de la laitue cultivée, mais dont les tiges prendraient plus de développement que celles de mes premières plantations. En prenant ainsi pour guide la loi des analogies entre les végétaux appartenant aux mêmes groupes, je suis arrivé à un résultat singulier et très remarquable: dans certaines espèces, le suc laiteux, au lieu d'être amer, est, au contraire, fade et douceâtre. Il contient beaucoup de mannite, mais pas de principe amer, et n'a aucune propriété calmante. Je citerai comme exemple les *lactuca stricta*, *acuminata* et *elongata* de l'Amérique septentrionale. Mais dans d'autres espèces, ainsi que je m'y attendais, le suc laiteux a la même composition chimique, les mêmes propriétés médicales que celui de la laitue cultivée. Parmi celles-ci, l'espèce la plus remarquable, la plus intéressante surtout sous le point de vue qui m'occupait, était indiquée, pour ainsi dire, par le nom qu'elle porte: c'est l'*altissima*, dont les tiges atteignent par la culture jusqu'à trois mètres de hauteur et quatre centimètres de diamètre. Il en résulte qu'on peut recueillir par incision des quantités de suc laiteux telles que je puis avancer que le lactucarium pourra conserver sur l'opium, pour le prix, la prééminence qu'on lui a attribuée sous le rapport des propriétés médicales.

Il importait de constater de nouveau les propriétés médicales du lactucarium, et de s'assurer si les préventions des auteurs n'ont pas eu une large part dans les éloges qui lui ont été prodigués. Tous mes doutes à cet égard ont été levés par les expériences faites à ma demande par M. le docteur Bertrand fils, professeur à l'École préparatoire de médecine de Clermont, et inspecteur adjoint des eaux du Mont-Dore.

On trouvera à la suite de ce mémoire le résultat des observations de cet habile praticien, observations qui établissent de la manière la plus évidente les propriétés du lactucarium. Nous allons maintenant trouver dans l'analyse de ce produit la cause des vicissitudes éprouvées par les préparations de laitue dans la pratique médicale.

ANALYSE DU LACTUCARIUM.

Lorsque l'on pratique des incisions aux tiges de la laitue montée, à l'époque de la floraison, il s'en échappe un suc laiteux, fluide, qui présente l'aspect et la consistance de la crème; recueilli dans un verre, ce suc ne tarde pas à se prendre en masse. Son odeur est forte et caractéristique, son amertume excessive. Il rougit le papier de tournesol; la lame des couteaux qui servent à pratiquer les incisions noircit rapidement.

Le suc coagulé, divisé en petits pains, laisse échapper quelques gouttes à peine d'un liquide brun et amer. Exposé au soleil, il se dessèche rapidement en perdant 71 pour 100 de son poids, et en prenant une teinte qui est d'un jaune assez vif, et qui devient ensuite plus ou moins brune. Souvent des efflorescences cristallines sont implantées çà et là sur les pains desséchés, ou même en couvrent toute la surface. Ce caractère se présente surtout lorsque la dessiccation a été lente. Le docteur Bidault de Villiers, qui avait remarqué ces efflorescences, les avait attribuées à un alcali végétal. On verra bientôt que c'est la mannite qui couvre ainsi le lactucarium de ses arborisations.

A l'intérieur, la cassure est résineuse et jaunâtre, lorsque la dessiccation a eu lieu rapidement; dans le cas contraire, la cassure présente un aspect brun ou tout-à-fait noir; souvent même des moisissures se développent.

Délayé dans l'eau, le suc frais prend l'aspect du lait caillé. La portion qui le dissout se comporte avec les alcalis d'une manière remarquable qui peut servir à la caractériser. Une coloration rose intense se manifeste sur-le-champ, et l'amertume ne tarde pas à disparaître sans qu'un acide puisse la faire revenir. Le sous-acétate et l'acétate de plomb forment dans la liqueur un précipité blanc abondant, et le liquide qui surnage le précipité se trouve complétement décoloré sans avoir perdu son amertume. Ce caractère a déjà été reconnu par M. Quévenne. La teinture de noix de galle produit un très léger précipité qui n'entraîne aucune trace du principe amer; par le chlorhydrate de baryte on obtient un précipité blanc presque entièrement soluble dans l'acide nitrique. Soumise à l'ébullition, la liqueur se trouble, et des flocons d'albumine s'en séparent bientôt en lui rendant sa transparence.

L'analyse a démontré la présence dans le lactucarium des substances suivantes :

Matière amère cristallisable (lactucin).
Asparamide,
Mannite,
Matière colorant en vert les sels de fer,
Résine électro-négative combinée à la potasse,
Résine indifférente,
Acide ulmique? combiné à la potasse,
Cérine?
Myricine,
Pectine,

Albumine,
Oxalate acide de potasse,
Malate de potasse,
Nitrate de potasse,
Sulfate de potasse,
Chlorure de potassium,
Phosphate de chaux,
Phosphate de magnésie.
Oxide de fer,
Oxide de manganèse,
Silice.

La matière la plus intéressante, isolée dans cette analyse, est certainement la matière amère cristallisable, qui est, sans doute, au lactucarium ce que la morphine est à l'opium, à cette différence près que l'une est alcaline, et l'autre complétement neutre. Cette matière, peu soluble dans l'eau froide, est plus soluble dans l'eau bouillante, de laquelle elle se sépare par le refroidissement en paillettes d'un blanc-éclatant, ressemblant à l'acide borique ; elle est également soluble dans l'alcool faible et l'alcool fort, mais plus à chaud qu'à froid. Enfin elle est complétement insoluble dans l'éther. Chauffée, elle se charbonne sans se sublimer.

La solution aqueuse n'a aucune action sur les couleurs végétales. Elle ne précipite ni par le tannin, ni par l'acétate de plomb, ni par aucun autre réactif. Elle n'éprouve aucune modification par les acides sulfurique ou chlorhydrique étendus, soit à chaud, soit à froid ; les alcalis caustiques la décomposent rapidement, car l'amertume disparaît sans qu'un acide puisse la faire revenir.

Nous pouvons maintenant expliquer les contradictions qui se sont élevées entre les auteurs sur les propriétés calmantes de la laitue.

Lorsqu'on prépare un extrait de laitue, même en employant seulement l'épiderme des tiges de laitue, le suc exprimé ne doit entraîner qu'une très petite quantité du principe amer, puisque nous avons vu que ce principe est très peu soluble dans l'eau froide. M. Bertrand a remarqué, en effet, comme l'indique la théorie, que les solutions aqueuses de lactucarium faites à froid et transformées en sirop sont douées de propriétés moins énergiques que le lactucarium lui-même, fût-il employé à doses relatives moins élevées. La même observation a été faite par le docteur François.

On court en outre le risque de l'altération que peut éprouver pendant l'évaporation une substance que nous avons vue si altérable, en même temps que l'on perd inévitablement le principe volatil qui donne à l'eau de laitue les propriétés calmantes que lui a reconnues M. Martin Solon, propriétés qui la font employer depuis si long-temps en médecine. Ces considérations conduisent à proscrire tout aussi bien le traitement de l'épiderme et des vieilles feuilles par l'eau bouillante, car si tout porte à croire que l'on dissoudra ainsi une plus forte proportion du principe amer, on se trouvera encore exposé aux chances d'altération pendant l'évaporation, et à la perte du principe volatil : aussi les extraits de laitue préparés par quelque procédé que ce soit n'ont-ils pas cette saveur amère, cette odeur vireuse si prononcée qui caractérisent le lactucarium : tandis que ce produit est brun, friable et très sec, les extraits sont noirs, mous et déliquescents. Cette différence dans les propriétés physiques et chimiques nous explique comment M. le docteur Fouquier a pu administrer des doses très élevées d'un de ces extraits, sans observer d'autres effets qu'une augmentation dans la sécrétion des urines, due sans doute au nitrate de potasse dont nous avons signalé la présence.

On doit voir dans ces faits de nouvelles preuves à ajouter à tant d'autres pour démontrer l'inconvénient, je dirai même le danger d'introduire des modifications dans la préparation des produits pharmaceutiques dont l'expérience a constaté les propriétés, danger signalé avec tant de raison par Polydore Boullay; ce sont les divers extraits de laitue, la thridace surtout, qui ont fait négliger le lactucarium, et qui ont empêché qu'on fît de nouvelles tentatives pour l'obtenir en grand, d'abord parce qu'on croyait que ces extraits en réunissaient les propriétés et plus tard parce qu'on enveloppait tous ces produits dans une proscription commune. Cette proscription n'est pas méritée pour le lactucarium, puisque ce produit est destiné à devenir, je ne dirai pas le succédané, mais bien le rival de l'opium. Son emploi doit être d'autant plus utile que son action semble spécifique dans les affections nerveuses si communes de nos jours. On peut de plus y avoir recours alors que l'usage de l'opium serait dangereux, et que l'on aurait surtout à redouter les résultats de la congestion cérébrale que ce médicament entraîne souvent après lui.

Si nous considérons maintenant la question sous un autre point de vue, sous le point de vue agricole et commercial, tout donne lieu d'espérer que le lactucarium deviendra pour la France un objet important d'exportation, en même temps qu'elle verra diminuer chez elle la consommation d'un produit pour lequel elle paie un impôt considérable à l'étranger.

OBSERVATIONS SUR LES PROPRIÉTÉS MÉDICALES DU LACTUCARIUM,

Par M. Bertrand fils, inspecteur adjoint des eaux du Mont-Dore, professeur à l'École préparatoire de médecine de Clermont-Ferrand.

Le sirop et les pilules de lactucarium ont été administrés concurremment à un certain nombre de malades.

L'un et l'autre jouissent de propriétés sédatives marquées, moins puissantes toutefois que celles de l'opium; mais ils possèdent sur ce dernier un avantage précieux : jamais leur usage, même prolongé et à des doses assez fortes, n'est suivi des douleurs de tête, des bourdonnements, de l'injection de la face, ou seulement du mal-être général, de l'élévation et de la dureté du pouls qui succèdent presque inévitablement à l'action un peu soutenue de l'opium ; on n'aperçoit rien enfin de la congestion et de l'excitation cérébrale déterminées par ce dernier.

Sous ce rapport donc, et la chose n'est pas sans importance, le lactucarium doit être préféré toutes les fois qu'il faut obtenir un effet sédatif général, sans intéresser le cerveau aussi fortement que le fait l'opium ; ainsi, des faits acquis par les premières expérimentations, l'on est autorisé à conclure que l'on se trouvera bien du sirop et des pilules de lactucarium dans un grand nombre de ces affections désignées vaguement sous le nom commun de névroses, affections qui peuvent aller porter tour à tour sur tous les organes, sans y déterminer d'ailleurs aucune lésion grave, aussi capricieuses et variées dans leurs formes qu'insaisissables dans leur nature ; souvent, au reste, elles se montrent en même temps qu'une maladie organique grave, soit qu'il y ait ici simple coïncidence, soit qu'elles dérivent de cette affection elle-même. Dans ce cas encore, le lactucarium se montre utile, non certes qu'il ait action sur le mal essentiel, mais il diminue ou fait disparaître complétement un mal secondaire souvent très fatigant ; c'est ainsi, par exemple, que dans un cas bien déterminé de phthisie pulmonaire, les pilules de lactucarium, à la dose de trois par jour, le matin, à midi, et le soir, ont éteint d'une manière complète et durable, et dès le troisième jour, une toux fréquente, profonde, convulsive, empêchant tout sommeil, et usant ainsi avec une double rapidité les forces du malade.

Les deux médicaments indiqués ont paru réussir d'une manière évidente dans quelques cas de gastralgie, de névralgie faciale, et d'asthme purement nerveux, c'est-à-dire sans lésion appréciable de l'appareil pulmonaire ou circulatoire.

La dose n'a jamais dépassé deux onces pour le sirop, et six grains pour les pilules ; on a jugé inutile de pousser plus loin ces doses, un médicament de cette nature surtout ne devant prendre un rang sérieux dans la thérapeutique qu'à condition de présenter d'abord, eu égard aux grands hôpitaux, certains avantages d'économie, et surtout en ce qui concerne la pratique générale de se montrer actif sans que les malades soient fatigués ou dégoûtés par la nécessité de *le prendre* sous un trop fort volume.

Il est essentiel d'ajouter que toujours les pilules ont paru posséder une action sédative plus manifeste et aussi plus durable que le sirop, même administré à doses relatives plus élevées.

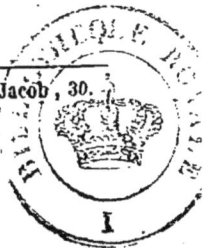

PARIS. — IMPRIMERIE DE BOURGOGNE ET MARTINET, rue Jacob, 30.

RAPPORT DU JURY D'ADMISSION

SUR LE LACTUCARIUM,

Présenté par M. AUBERGIER, Fabricant de Produits chimiques et pharmaceutiques,

A CLERMONT-FERRAND.

M. AUBERGIER, docteur ès sciences, professeur à l'école de médecine de Clermont, a présenté au jury environ 50 *kilos* de suc laiteux de la laitue montée, obtenu par incisions et desséché au soleil, que l'on connaît sous le nom de *Lactucarium*. Ce produit est regardé depuis long-temps comme pouvant être employé utilement en médecine. Un grand nombre d'observateurs s'accordent, en effet, pour reconnaître au Lactucarium des propriétés calmantes et somnifères très-prononcées, propriétés qui se manifestent sans entraîner avec elles aucun des inconvénients attachés à l'usage de l'opium. C'est en diminuant la rapidité de la circulation, et par conséquent la trop grande chaleur qui en est la suite, qu'il modère les douleurs, et ramène dans toute l'économie cet état de calme qui détermine le sommeil chez les personnes nerveuses et irritables, aussi bien que chez celles qui sont tourmentées par une insomnie fatigante à la suite de travaux excessifs de cabinet, ou dans les convalescences qui suivent de longues maladies. Il fait passer des nuits tranquilles, sans agitation ni chaleur à la peau, aux sujets valétudinaires qui répugnent à prendre de l'opium ou qui ne peuvent le supporter. L'action du Lactucarium paraît toute spéciale dans les divers états qui supposent une exaltation du système nerveux. Il ralentit et régularise les mouvements du cœur, il calme les accès de toux qui ruinent les forces des phthisiques, et en éloigne le retour. On a encore recours avec succès à ce médicament dans les rhumes, les catarrhes, les toux nerveuses, l'asthme spasmodique, la coqueluche, les spasmes d'estomac, etc. Enfin, l'emploi du Lactucarium est indiqué toutes les fois qu'il s'agit de produire un effet sédatif, sans porter au cerveau, ainsi que le fait l'opium.

Mais la difficulté que l'on éprouvait pour obtenir le suc *laiteux* de la laitue par incisions en avait rendu l'emploi impossible jusqu'à présent. Aussi le docteur Bidault de Villiers, après avoir

exposé les résultats qu'il avait obtenus avec *cinq ou six grammes de Lactucarium* recueillis à grand'peine, faisait-il des vœux pour qu'on parvînt un jour à préparer en grand une substance qui lui paraissait devoir prendre un rang si utile dans la thérapeutique.

Ce but, M. Aubergier est parvenu à l'atteindre en cultivant une espèce de laitue qui acquiert, par la culture, des proportions gigantesques (trois mètres d'élévation). Les surfaces sur lesquelles on opère les incisions étant plus grandes, le suc laiteux en coule en abondance. Peut-être aussi M. Aubergier doit-il rapporter une partie du succès qu'il a obtenu dans les essais dans lesquels tant d'autres ont échoué aux conditions favorables dans lesquelles il était placé, à la fertilité des terrains de la Limagne, cette terre promise pour toutes les cultures.

Les résultats des recherches de M. Aubergier ont été présentés avec des éloges à l'Académie des sciences. On remarque le passage suivant dans un rapport fait à l'Académie de médecine : « Le Lac-
» tucarium, *obtenu avec tous les caractères que lui ont attribués les*
» *premiers observateurs, est un* médicament précieux. Aux obser-
» vations faites en Ecosse et en France, M. le docteur Bertrand
» fils vient d'en ajouter de récentes qui confirment l'action séda-
» tive et l'innocuité *de ce doux succédané de l'opium.* »

Ainsi, l'emploi du Lactucarium promet de soustraire le pays à un impôt considérable qu'il paie à l'étranger, et, ce qu'il y a de plus important encore, lorsqu'il s'agit d'un médicament, le produit indigène est exempt des inconvénients du produit exotique.

Nous ne devons pas négliger de faire remarquer que les résultats obtenus par M. Aubergier ouvrent la voie à de nouvelles applications : les sucs laiteux qui s'écoulent d'incisions pratiquées aux plantes, et qui s'évaporent spontanément par une simple exposition au soleil, sont beaucoup plus riches en principes actifs que nos extraits, avec quelque soin qu'on les prépare. On en trouve un exemple remarquable dans la THRIDACE, extrait préparé par l'évaporation sur le feu du suc obtenu de la laitue en exprimant la plante entière, et que l'expérience médicale a démontré être tout-à-fait inerte. Une différence dans le mode de préparation de deux produits, qui ont pourtant la même origine, en introduit une si grande dans leurs propriétés, que LA THRIDACE EST presque SANS ACTION, *comme l'a très-bien fait remarquer le rapport de l'Académie de médecine*, tandis que le Lactucarium a une efficacité réelle que tous les médecins qui ont étudié ses effets ont reconnue, etc., etc.

OBSERVATIONS
SUR L'EMPLOI DU LACTUCARIUM,

Par M. SERSIRON,

Professeur à l'École préparatoire de Médecine et de Pharmacie de Clermont-Ferrand.

Plusieurs années de recherches ayant enfin appris à retirer de la laitue son suc laiteux en assez grande quantité pour pouvoir le livrer aux préparations de la pharmacie usuelle, j'ai été appelé l'un des premiers à expérimenter cet agent thérapeutique, dont M. Aubergier venait de doter la matière médicale. Voici le résumé succinct d'expérimentations nombreuses répétées depuis trois ans, tant à l'Hôtel-Dieu que dans la pratique civile.

De toutes les préparations de Lactucarium que j'ai successivement essayées, j'ai été amené à reconnaître que la plus facile à employer, celle qui donne les résultats les meilleurs et les plus constants, est le sirop composé d'après la formule de M. Aubergier.

Je dois ajouter que la préparation du sirop de Lactucarium exige une connaissance si complète des propriétés de cette substance, pour ne négliger aucune des précautions nécessaires pour la préserver de toute altération, que ce sirop a besoin, pour réussir, d'avoir été préparé avec tous les soins que lui donne l'auteur.

On donnera ce sirop avec succès dans tous les cas de surexcitation du système nerveux, contre l'insomnie dont s'accompagne souvent la convalescence des maladies de longue durée, contre les palpitations de cœur qui ne résultent pas d'une altération anatomique de cet organe, contre les névralgies intestinales, toutes les fois, enfin, qu'on aura besoin de produire un effet sédatif. Mais c'est surtout dans les affections des organes respiratoires qu'il se montre le plus efficace. Les bronchites légères, si communes dans notre climat, à variations si brusques dans la température, résistent rarement pendant quelques jours à l'usage du sirop de Lactucarium. Les toux convulsives, la coqueluche, sont habituellement amendées d'une manière notable. Les accès diminuent de fréquence et d'intensité.

Dans les catarrhes chroniques, la toux et la sécrétion muqueuse sont notablement diminuées. Les crises qui renaissent à chaque instant en hiver sont promptement dissipées par une cuillerée ou deux de sirop que l'on prend dès le début au moment de se coucher.

Dans la phthisie pulmonaire, l'usage de ce sirop calme les accès de toux et modère l'abondance de l'expectoration. Dans presque tous les cas, les nuits, ordinairement si tourmentées, retrouvent du calme et du sommeil. Ce médicament n'échappe pas au sort commun de tous les agents de la matière médicale, à l'habitude, et par suite à la nécessité d'en augmenter progressivement la dose. Je possède cependant une observation curieuse de sa persistance d'action :

Mme N., âgée de 38 ans, d'une constitution essentiellement nerveuse, avait eu de 18 à 25 ans plusieurs hémoptysies. Assaillie plus tard par des peines de toutes sortes, elle vit se développer chez elle tous les signes de la phthisie pulmonaire. Pendant trois ans j'avais eu recours à tous les moyens employés et préconisés en pareil cas pour combattre les accès de toux, la douleur, l'insomnie. Il est inutile de dire que l'opium, sous toutes les formes, avait été essayé à plusieurs reprises, et toujours sans succès, ou du moins avec si peu de durée, qu'il fallut bientôt y renoncer.

Enfin le sirop de Lactucarium est administré, et aussitôt la toux et l'expectoration diminuent, et le sommeil reparaît. L'usage en est suspendu pendant quelques jours ; aussitôt reviennent l'insomnie, les accès de toux, la douleur. Il en a été de même après chaque essai d'abandon de ce remède. Aussi, a-t-il été continué pendant trois mois consécutifs qu'a encore duré la maladie de Mme N., évitant à cette malade des douleurs vainement combattues par d'autres moyens.

Mode d'administration du sirop de Lactucarium de H. Aubergier. La dose ordinaire, chez un adulte, dans les affections légères, est de deux ou trois cuillerées à bouche par jour, prises, la première, le matin ; la seconde, à midi ; la troisième, le soir. On peut augmenter progressivement cette dose, ou l'administrer par cuillerées à café, d'heure en heure, dans le courant de la journée, en laissant un intervalle d'une heure avant ou après le repas. Le plus souvent je fais prendre le soir et au commencement de la nuit, une cuillerée de sirop, et quelquefois deux ; je prescris une autre cuillerée le matin, ou dans le milieu de la journée, pour prévenir les exacerbations qui se présentent dans la soirée. Pour les enfants, la dose est d'une cuillerée à café, que l'on donne le soir ; quelquefois on donne une autre cuillerée à café le matin ou dans le courant de la journée.

Nota. Le sirop de Lactucarium ne sort jamais de la fabrique de produits chimiques et pharmaceutiques de H. Aubergier qu'en flacons portant son étiquette, une capsule en étain sur laquelle se trouve son cachet, et renfermés dans une enveloppe de papier bleu, entourée d'une bande revêtue de la signature de l'inventeur.

Clermont-Ferrand, Imp. de Pelol.

SIROP

DE

LACTUCARIUM

Approuvé par l'Académie Impériale de Médecine de Paris

Et inséré au Recueil officiel des formules légales

EN VERTU D'UN ARRÊTÉ MINISTÉRIEL.

———◦❖◦———

C'est en Angleterre que le suc laiteux de la laitue, obtenu par incisions et desséché au soleil, a été employé pour la première fois par M. Duncan, qui lui a donné le nom de **LACTUCARIUM**. Ce praticien, Scudamore et quelques autres l'ont administré avec succès. Mais la difficulté que l'on avait éprouvée pour obtenir le suc laiteux de la laitue par incisions, en avait rendu l'emploi impossible jusqu'ici. Cette difficulté, M. Aubergier, de Clermont-Ferrand, l'a surmontée en cultivant une espèce de laitue qui acquiert, par la culture, des proportions gigantesques (3 mètres de hauteur).

Dans un rapport fait à l'Académie de Médecine, on remarque le passage suivant : « Le Lactucarium, obtenu avec tous les caractères que lui ont attribué les premiers observateurs, est un médicament précieux. Aux observations faites en Écosse et en France, M. le docteur Bertrand vient d'en ajouter de récentes, qui confirment l'action sédative et l'innocuité de ce **doux succédané de l'opium**. »

Aussi les médecins qui ont étudié les effets du Lactucarium, lui ont-ils reconnu une efficacité réelle et le conseillent-ils journellement dans les rhumes, les catarrhes, les toux nerveuses, l'asthme spasmodique, la coqueluche, les crampes d'estomac, etc., etc. Enfin le Lactucarium est employé avec succès toutes les fois qu'il s'agit de produire un effet sédatif SANS PORTER AU CERVEAU, ainsi que le fait l'opium.

MODE D'ADMINISTRATION

Pour les adultes, la dose ordinaire est de trois cuillerées par jour. La première le matin, la deuxième à midi, et la troisième en se couchant. On peut encore prendre ce Sirop par cuillerées à café toutes les heures dans la journée.

Pour les enfants, la dose est d'une cuillerée à café le soir. Quelquefois on en donne une le matin ou dans le cours de la journée.

Dépôt dans les principales Pharmacies de Paris et de France.

Paris. — Typ. Gaittet, rue Git-le-Cœur, 7.

1863

RAPPORT DU JURY D'ADMISSION

SUR LE LACTUCARIUM,

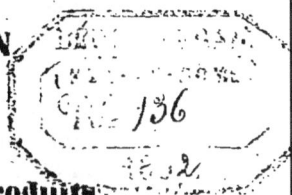

Présenté par M. AUBERGIER, Fabricant de Produits chimiques et pharmaceutiques,

A CLERMONT-FERRAND.

M. AUBERGIER, docteur ès sciences, professeur à l'école de médecine de Clermont, a présenté au jury environ 50 *kilos* de suc laiteux de la laitue montée, obtenu par incisions et desséché au soleil, que l'on connaît sous le nom de *Lactucarium*. Ce produit est regardé depuis long-temps comme pouvant être employé utilement en médecine. Un grand nombre d'observateurs s'accordent, en effet, pour reconnaître au Lactucarium des propriétés calmantes et somnifères très-prononcées, propriétés qui se manifestent sans entraîner avec elles aucun des inconvénients attachés à l'usage de l'opium. C'est en diminuant la rapidité de la circulation, et par conséquent la trop grande chaleur qui en est la suite, qu'il modère les douleurs, et ramène dans toute l'économie cet état de calme qui détermine le sommeil chez les personnes nerveuses et irritables, aussi bien que chez celles qui sont tourmentées par une insomnie fatigante à la suite de travaux excessifs de cabinet, ou dans les convalescences qui suivent de longues maladies. Il fait passer des nuits tranquilles, sans agitation ni chaleur à la peau, aux sujets valétudinaires qui répugnent à prendre de l'opium ou qui ne peuvent le supporter. L'action du Lactucarium paraît toute spéciale dans les divers états qui supposent une exaltation du système nerveux. Il ralentit et régularise les mouvements du cœur, il calme les accès de toux qui ruinent les forces des phthisiques, et en éloigne le retour. On a encore recours avec succès à ce médicament dans les rhumes, les catarrhes, les toux nerveuses, l'asthme spasmodique, la coqueluche, les spasmes d'estomac, etc. Enfin, l'emploi du Lactucarium est indiqué toutes les fois qu'il s'agit de produire un effet sédatif, sans porter au cerveau, ainsi que le fait l'opium.

Mais la difficulté que l'on éprouvait pour obtenir le suc *laiteux* de la laitue par incisions en avait rendu l'emploi impossible jusqu'à présent. Aussi le docteur Bidault de Villiers, après avoir

exposé les résultats qu'il avait obtenus avec *cinq ou six grammes de Lactucarium* recueillis à grand'peine, faisait-il des vœux pour qu'on parvînt un jour à préparer en grand une substance qui lui paraissait devoir prendre un rang si utile dans la thérapeutique.

Ce but, M. Aubergier est parvenu à l'atteindre en cultivant une espèce de laitue qui acquiert, par la culture, des proportions gigantesques (trois mètres d'élévation). Les surfaces sur lesquelles on opère les incisions étant plus grandes, le suc laiteux en coule en abondance. Peut-être aussi M. Aubergier doit-il rapporter une partie du succès qu'il a obtenu dans les essais dans lesquels tant d'autres ont échoué aux conditions favorables dans lesquelles il était placé, à la fertilité des terrains de la Limagne, cette terre promise pour toutes les cultures.

Les résultats des recherches de M. Aubergier ont été présentés avec des éloges à l'Académie des sciences. On remarque le passage suivant dans un rapport fait à l'Académie de médecine : « Le Lac-
» tucarium, *obtenu avec tous les caractères que lui ont attribués les*
» *premiers observateurs, est un* médicament précieux. Aux obser-
» vations faites en Ecosse et en France, M. le docteur Bertrand
» fils vient d'en ajouter de récentes qui confirment l'action séda-
» tive et l'innocuité *de ce doux succédané de l'opium.* »

Ainsi, l'emploi du Lactucarium promet de soustraire le pays à un impôt considérable qu'il paie à l'étranger, et, ce qu'il y a de plus important encore, lorsqu'il s'agit d'un médicament, le produit indigène est exempt des inconvénients du produit exotique.

Nous ne devons pas négliger de faire remarquer que les résultats obtenus par M. Aubergier ouvrent la voie à de nouvelles applications : les sucs laiteux qui s'écoulent d'incisions pratiquées aux plantes, et qui s'évaporent spontanément par une simple exposition au soleil, sont beaucoup plus riches en principes actifs que nos extraits, avec quelque soin qu'on les prépare. On en trouve un exemple remarquable dans la THRIDACE, extrait préparé par l'évaporation sur le feu du suc obtenu de la laitue en exprimant la plante entière, et que l'expérience médicale a démontré être tout-à-fait inerte. Une différence dans le mode de préparation de deux produits, qui ont pourtant la même origine, en introduit une si grande dans leurs propriétés, que LA THRIDACE EST presque SANS ACTION, *comme l'a très-bien fait remarquer le rapport de l'Académie de médecine,* tandis que le Lactucarium a une efficacité réelle que tous les médecins qui ont étudié ses effets ont reconnue, etc., etc.

MODE D'ADMINISTRATION

DU

SIROP DE LACTUCARIUM.

De toutes les préparations pharmaceutiques dont le Lactuca-rium peut être la base, c'est le sirop qui produit les meilleurs résultats. On doit se conformer, pour le mode d'administration, aux prescriptions du médecin qui l'a ordonné.

On le prend ordinairement contre les rhumes, à la dose de deux cuillerées à bouche par jour, une le matin et l'autre le soir. Si la toux est opiniâtre, on prend une troisième cuillerée à midi, ou même une cuillerée à café toutes les heures, et deux cuille-rées à bouche le soir en se couchant. Lorsque les quintes de toux sont apaisées ou deviennent plus rares, on laisse entre chaque dose de plus longs intervalles. Les personnes qui ne peuvent rester chez elles pourront faire usage, dans le courant de la jour-née, des tablettes ou de la pâte de Lactucarium pour remplacer le sirop, et ne prendre ce dernier que le soir en se couchant.

Dans les catarrhes qui renaissent à chaque instant en hiver, on conjure les crises en prenant dès le début, le soir en se cou-chant, une cuillerée à bouche de sirop. Quelquefois deux cuille-rées à café suffisent; plus souvent on est obligé de porter la dose à deux cuillerées à bouche.

On prend le sirop de Lactucarium de la même manière contre les insomnies, pour combattre les affections nerveuses, enfin toutes les fois qu'on a besoin de produire un effet sédatif.

Ce sirop, administré contre la coqueluche, diminue la violence des crises et les rend moins fréquentes. La dose, pour les enfants au-dessous de trois ans, est de deux cuillerées à café par jour; au-dessus de cet âge, on peut donner quatre cuillerées à café dans les vingt-quatre heures.

Le sirop peut être pris pur ou délayé dans une petite tasse de tisane appropriée à l'état du malade. On doit toujours laisser une heure d'intervalle avant ou après le repas.

TABLETTES DE LACTUCARIUM.

Pour rendre l'usage du Lactucarium plus facile contre les rhu mes, les catarrhes, les toux nerveuses, les maux de gorge, l'enrouement, les irritations d'estomac, il a été mis sous forme de tablettes que l'on peut porter partout avec soi, pour les prendre lorsqu'on en éprouve le besoin. La quantité de Lactucarium qui entre dans ces tablettes, a été calculée de manière à ce que sa saveur particulière soit complètement dissimulée par la saveur agréable des autres substances mucilagineuses et adoucissantes, auxquelles il s'y trouve associé. Aussi les personnes les plus délicates les prennent-elles, non-seulement sans dégoût, mais encore avec plaisir. On peut y avoir recours à chaque instant, toutes les fois qu'on éprouve le besoin de tousser ou d'expectorer. Il faut laisser fondre ces tablettes lentement dans la bouche pour qu'elles produisent l'effet qu'on doit en attendre.

PATE DE LACTUCARIUM.

La pâte de Lactucarium est préparée avec le sirop, uni à la gomme et à d'autres substances adoucissantes. Sa saveur est agréable comme celle des tablettes. Elle est employée de la même manière, et dans le même but. Lorsque les maladies se prolongent, on peut se servir alternativement des tablettes et de la pâte, pour éviter la satiété qui se manifeste inévitablement par l'emploi trop long-temps prolongé d'une même préparation.

NOTA. — Le sirop, les tablettes et la pâte de Lactucarium sont délivrés, le sirop en flacons de 300 et de 125 grammes portant l'étiquette de l'inventeur, et son cachet incrusté sur la capsule en étain qui recouvre le bouchon, les tablettes et la pâte en boîtes portant les mêmes marques commerciales. Le prix du flacon est de 3 f., celui du 1/2 flacon de 1 fr. 50, de la boîte de tablettes de 1 fr. et de la boîte de pâte de 1 fr. 50.

Clermont-Ferrand, imp. de PEROL.

RAPPORT DU JURY D'ADMISSION,

SUR LE LACTUCARIUM,

Présenté par M. AUBERGIER, Fabricant de Produits chimiques et pharmaceutiques,

A CLERMONT-FERRAND.

M. AUBERGIER, docteur ès sciences, professeur à l'école de médecine de Clermont, a présenté au jury environ 50 *kilos* de suc laiteux de la laitue montée, obtenu par incisions et desséché au soleil, que l'on connaît sous le nom de *Lactucarium*. Ce produit est regardé depuis long-temps comme pouvant être employé utilement en médecine. Un grand nombre d'observateurs s'accordent, en effet, pour reconnaître au Lactucarium des propriétés calmantes et somnifères très-prononcées, propriétés qui se manifestent sans entraîner avec elles aucun des inconvénients attachés à l'usage de l'opium. C'est en diminuant la rapidité de la circulation, et par conséquent la trop grande chaleur qui en est la suite, qu'il modère les douleurs, et ramène dans toute l'économie cet état de calme qui détermine le sommeil chez les personnes nerveuses et irritables, aussi bien que chez celles qui sont tourmentées par une insomnie fatigante à la suite de travaux excessifs de cabinet, ou dans les convalescences qui suivent de longues maladies. Il fait passer des nuits tranquilles, sans agitation ni chaleur à la peau, aux sujets valétudinaires qui répugnent à prendre de l'opium ou qui ne peuvent le supporter. L'action du Lactucarium paraît toute spéciale dans les divers états qui supposent une exaltation du système nerveux. Il ralentit et régularise les mouvements du cœur, il calme les accès de toux qui ruinent les forces des phthisiques, et en éloigne le retour. On a encore recours avec succès à ce médicament dans les rhumes, les catarrhes, les toux nerveuses, l'asthme spasmodique, la coqueluche, les spasmes d'estomac, etc. Enfin, l'emploi du Lactucarium est indiqué toutes les fois qu'il s'agit de produire un effet sédatif, sans porter au cerveau, ainsi que le fait l'opium.

Mais la difficulté que l'on éprouvait pour obtenir le suc *laiteux* de la laitue par incisions en avait rendu l'emploi impossible jusqu'à présent. Aussi le docteur Bidault de Villiers, après avoir

exposé les résultats qu'il avait obtenus avec *cinq ou six grammes de Lactucarium* recueillis à grand'peine, faisait-il des vœux pour qu'on parvînt un jour à préparer en grand une substance qui lui paraissait devoir prendre un rang si utile dans la thérapeutique.

Ce but, M. Aubergier est parvenu à l'atteindre en cultivant une espèce de laitue qui acquiert, par la culture, des proportions gigantesques (trois mètres d'élévation). Les surfaces sur lesquelles on opère les incisions étant plus grandes, le suc laiteux en coule en abondance. Peut-être aussi M. Aubergier doit-il rapporter une partie du succès qu'il a obtenu dans les essais dans lesquels tant d'autres ont échoué aux conditions favorables dans lesquelles il était placé, à la fertilité des terrains de la Limagne, cette terre promise pour toutes les cultures.

Les résultats des recherches de M. Aubergier ont été présentés avec des éloges à l'Académie des sciences. On remarque le passage suivant dans un rapport fait à l'Académie de médecine : « Le Lac- » tucarium, *obtenu avec tous les caractères que lui ont attribués les* » *premiers observateurs, est un* médicament précieux. Aux obser- » vations faites en Écosse et en France, M. le docteur Bertrand » fils vient d'en ajouter de récentes qui confirment l'action séda- » tive et l'innocuité *de ce doux succédané de l'opium.* »

Ainsi, l'emploi du Lactucarium promet de soustraire le pays à un impôt considérable qu'il paie à l'étranger, et, ce qu'il y a de plus important encore, lorsqu'il s'agit d'un médicament, le produit indigène est exempt des inconvénients du produit exotique.

Nous ne devons pas négliger de faire remarquer que les résultats obtenus par M. Aubergier ouvrent la voie à de nouvelles applications : les sucs laiteux qui s'écoulent d'incisions pratiquées aux plantes, et qui s'évaporent spontanément par une simple exposition au soleil, sont beaucoup plus riches en principes actifs que nos extraits, avec quelque soin qu'on les prépare. On en trouve un exemple remarquable dans la THRIDACE, extrait préparé par l'évaporation sur le feu du suc obtenu de la laitue en exprimant la plante entière, et que l'expérience médicale a démontré être tout-à-fait inerte. Une différence dans le mode de préparation de deux produits, qui ont pourtant la même origine, en introduit une si grande dans leurs propriétés, que LA THRIDACE EST presque SANS ACTION, comme l'a très-bien fait remarquer le rapport de l'Académie de médecine, tandis que le Lactucarium a une efficacité réelle que tous les médecins qui ont étudié ses effets ont reconnue, etc., etc.

OBSERVATIONS

SUR L'EMPLOI DU LACTUCARIUM,

Par M. SERSIRON,

Professeur à l'École préparatoire de Médecine et de Pharmacie de Clermont-Ferrand.

Plusieurs années de recherches ayant enfin appris à retirer de la laitue son suc laiteux en assez grande quantité pour pouvoir le livrer aux préparations de la pharmacie usuelle, j'ai été appelé l'un des premiers à expérimenter cet agent thérapeutique, dont M. Aubergier venait de doter la matière médicale. Voici le résumé succinct d'expérimentations nombreuses répétées depuis trois ans, tant à l'Hôtel-Dieu que dans la pratique civile.

De toutes les préparations de Lactucarium que j'ai successivement essayées, j'ai été amené à reconnaître que la plus facile à employer, celle qui donne les résultats les meilleurs et les plus constants, est le sirop composé d'après la formule de M. Aubergier.

Je dois ajouter que la préparation du sirop de Lactucarium exige une connaissance si complète des propriétés de cette substance, pour ne négliger aucune des précautions nécessaires pour la préserver de toute altération, que ce sirop a besoin, pour réussir, d'avoir été préparé avec tous les soins que lui donne l'auteur.

On donnera ce sirop avec succès dans tous les cas de surexcitation du système nerveux, contre l'insomnie dont s'accompagne souvent la convalescence des maladies de longue durée; contre les palpitations de cœur qui ne résultent pas d'une altération anatomique de cet organe, contre les névralgies intestinales, toutes les fois, enfin, qu'on aura besoin de produire un effet sédatif. Mais c'est surtout dans les affections des organes respiratoires qu'il se montre le plus efficace. Les bronchites légères, si communes dans notre climat, à variations si brusques dans la température, résistent rarement pendant quelques jours à l'usage du sirop de Lactucarium. Les toux convulsives, la coqueluche, sont habituellement amendées d'une manière notable. Les accès diminuent de fréquence et d'intensité.

Dans les catarrhes chroniques, la toux et la sécrétion muqueuse sont notablement diminuées. Les crises qui renaissent à chaque instant en hiver sont promptement dissipées par une cuillerée ou deux de sirop que l'on prend dès le début au moment de se coucher.

Dans la phthisie pulmonaire, l'usage de ce sirop calme les accès de toux et modère l'abondance de l'expectoration. Dans presque tous les cas, les nuits, ordinairement si tourmentées, retrouvent du calme et du sommeil. Ce médicament n'échappe pas au sort commun de tous les agents de la matière médicale, à l'habitude, et par suite à la nécessité d'en augmenter progressivement la dose. Je possède cependant une observation curieuse de sa persistance d'action :

Mme N., âgée de 38 ans, d'une constitution essentiellement nerveuse, avait eu de 18 à 25 ans plusieurs hémoptysies. Assaillie plus tard par des peines de toutes sortes, elle vit se développer chez elle tous les signes de la phthisie pulmonaire. Pendant trois ans j'avais eu recours à tous les moyens employés et préconisés en pareil cas pour combattre les accès de toux, la douleur, l'insomnie. Il est inutile de dire que l'opium, sous toutes les formes, avait été essayé à plusieurs reprises, et toujours sans succès, ou du moins avec si peu de durée, qu'il fallut bientôt y renoncer.

Enfin le sirop de Lactucarium est administré, et aussitôt la toux et l'expectoration diminuent, et le sommeil reparaît. L'usage en est suspendu pendant quelques jours ; aussitôt reviennent l'insomnie, les accès de toux, la douleur. Il en a été de même après chaque essai d'abandon de ce remède. Aussi, a-t-il été continué pendant trois mois consécutifs qu'a encore duré la maladie de Mme N., évitant à cette malade des douleurs vainement combattues par d'autres moyens.

Mode d'administration du sirop de Lactucarium de H. Auberger. La dose ordinaire, chez un adulte, dans les affections légères, est de deux ou trois cuillerées à bouche par jour, prises, la première, le matin ; la seconde, à midi ; la troisième, le soir. On peut augmenter progressivement cette dose, ou l'administrer par cuillerées à café, d'heure en heure, dans le courant de la journée, en laissant un intervalle d'une heure avant ou après le repas. Le plus souvent je fais prendre le soir et au commencement de la nuit, une cuillerée de sirop, et quelquefois deux ; je prescris une autre cuillerée le matin, ou dans le milieu de la journée, pour prévenir les exacerbations qui se présentent dans la soirée.

Pour les enfants, la dose est d'une cuillerée à café, que l'on donne le soir ; quelquefois on donne une autre cuillerée à café le matin ou dans le courant de la journée.

NOTA. Le sirop de Lactucarium ne sort jamais de la fabrique de produits chimiques et pharmaceutiques de H. Auberger qu'en flacons portant son étiquette, une capsule en étain sur laquelle se trouve son cachet, et renfermés dans une enveloppe de papier bleu, entourée d'une bande revêtue de la signature de l'inventeur.

Clermont-Ferrand, Imp. de Perol.

RAPPORT DU JURY D'ADMISSION,
SUR LE LACTUCARIUM,

Présenté par M. AUBERGIER, Fabricant de Produits chimiques et pharmaceutiques,

A CLERMONT-FERRAND.

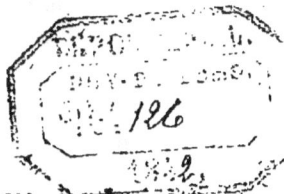

M. Aubergier, docteur ès sciences, professeur à l'école de médecine de Clermont, a présenté au jury environ 50 *kilos* de suc laiteux de la laitue montée, obtenu par incisions et desséché au soleil, que l'on connaît sous le nom de *Lactucarium*. Ce produit est regardé depuis long-temps comme pouvant être employé utilement en médecine. Un grand nombre d'observateurs s'accordent, en effet, pour reconnaître au Lactucarium des propriétés calmantes et somnifères très-prononcées, propriétés qui se manifestent sans entraîner avec elles aucun des inconvénients attachés à l'usage de l'opium. C'est en diminuant la rapidité de la circulation, et par conséquent la trop grande chaleur qui en est la suite, qu'il modère les douleurs, et ramène dans toute l'économie cet état de calme qui détermine le sommeil chez les personnes nerveuses et irritables, aussi bien que chez celles qui sont tourmentées par une insomnie fatigante à la suite de travaux excessifs de cabinet, ou dans les convalescences qui suivent de longues maladies. Il fait passer des nuits tranquilles, sans agitation ni chaleur à la peau, aux sujets valétudinaires qui répugnent à prendre de l'opium ou qui ne peuvent le supporter. L'action du Lactucarium paraît toute spéciale dans les divers états qui supposent une exaltation du système nerveux. Il ralentit et régularise les mouvements du cœur, il calme les accès de toux qui ruinent les forces des phthisiques, et en éloigne le retour. On a encore recours avec succès à ce médicament dans les rhumes, les catarrhes, les toux nerveuses, l'asthme spasmodique, la coqueluche, les spasmes d'estomac, etc. Enfin, l'emploi du Lactucarium est indiqué toutes les fois qu'il s'agit de produire un effet sédatif, sans porter au cerveau, ainsi que le fait l'opium.

Mais la difficulté que l'on éprouvait pour obtenir le suc *laiteux* de la laitue par incisions en avait rendu l'emploi impossible jusqu'à présent. Aussi le docteur Bidault de Villiers, après avoir

exposé les résultats qu'il avait obtenus avec *cinq ou six grammes de Lactucarium* recueillis à grand'peine, faisait-il des vœux pour qu'on parvînt un jour à préparer en grand une substance qui lui paraissait devoir prendre un rang si utile dans la thérapeutique.

Ce but, M. Aubergier est parvenu à l'atteindre en cultivant une espèce de laitue qui acquiert, par la culture, des proportions gigantesques (trois mètres d'élévation). Les surfaces sur lesquelles on opère les incisions étant plus grandes, le suc laiteux en coule en abondance. Peut-être aussi M. Aubergier doit-il rapporter une partie du succès qu'il a obtenu dans les essais dans lesquels tant d'autres ont échoué aux conditions favorables dans lesquelles il était placé, à la fertilité des terrains de la Limagne, cette terre promise pour toutes les cultures.

Les résultats des recherches de M. Aubergier ont été présentés avec des éloges à l'Académie des sciences. On remarque le passage suivant dans un rapport fait à l'Académie de médecine : « Le Lac-
» tucarium, *obtenu avec tous les caractères que lui ont attribués les*
» *premiers observateurs, est un* médicament précieux. Aux obser-
» vations faites en Ecosse et en France, M. le docteur Bertrand
» fils vient d'en ajouter de récentes qui confirment l'action séda-
» tive et l'innocuité *de ce doux succédané de l'opium.* »

Ainsi, l'emploi du Lactucarium promet de soustraire le pays à un impôt considérable qu'il paie à l'étranger, et, ce qu'il y a de plus important encore, lorsqu'il s'agit d'un médicament, le produit indigène est exempt des inconvénients du produit exotique.

Nous ne devons pas négliger de faire remarquer que les résultats obtenus par M. Aubergier ouvrent la voie à de nouvelles applications : les sucs laiteux qui s'écoulent d'incisions pratiquées aux plantes, et qui s'évaporent spontanément par une simple exposition au soleil, sont beaucoup plus riches en principes actifs que nos extraits, avec quelque soin qu'on les prépare. On en trouve un exemple remarquable dans la THRIDACE, extrait préparé par l'évaporation sur le feu du suc obtenu de la laitue en exprimant la plante entière, et que l'expérience médicale a démontré être tout-à-fait inerte. Une différence dans le mode de préparation de deux produits, qui ont pourtant la même origine, en introduit une si grande dans leurs propriétés, que LA THRIDACE EST presque SANS ACTION, *comme l'a très-bien fait remarquer le rapport de l'Académie de médecine,* tandis que le Lactucarium a une efficacité réelle que tous les médecins qui ont étudié ses effets ont reconnue, etc., etc.

OBSERVATIONS

SUR L'EMPLOI DU LACTUCARIUM,

Par M. SERSIRON,

Professeur à l'École préparatoire de Médecine et de Pharmacie de Clermont-Ferrand.

Plusieurs années de recherches ayant enfin appris à retirer de la laitue son suc laiteux en assez grande quantité pour pouvoir le livrer aux préparations de la pharmacie usuelle, j'ai été appelé l'un des premiers à expérimenter cet agent thérapeutique, dont M. Aubergier venait de doter la matière médicale. Voici le résumé succinct d'expérimentations nombreuses répétées depuis trois ans, tant à l'Hôtel-Dieu que dans la pratique civile.

De toutes les préparations de Lactucarium que j'ai successivement essayées, j'ai été amené à reconnaître que la plus facile à employer, celle qui donne les résultats les meilleurs et les plus constants, est le sirop composé d'après la formule de M. Aubergier.

Je dois ajouter que la préparation du sirop de Lactucarium exige une connaissance si complète des propriétés de cette substance, pour ne négliger aucune des précautions nécessaires pour la préserver de toute altération, que ce sirop a besoin, pour réussir, d'avoir été préparé avec tous les soins que lui donne l'auteur.

On donnera ce sirop avec succès dans tous les cas de surexcitation du système nerveux, contre l'insomnie dont s'accompagne souvent la convalescence des maladies de longue durée, contre les palpitations de cœur qui ne résultent pas d'une altération anatomique de cet organe, contre les névralgies intestinales, toutes les fois, enfin, qu'on aura besoin de produire un effet sédatif. Mais c'est surtout dans les affections des organes respiratoires qu'il se montre le plus efficace. Les bronchites légères, si communes dans notre climat, à variations si brusques dans la température, résistent rarement pendant quelques jours à l'usage du sirop de Lactucarium. Les toux convulsives, la coqueluche, sont habituellement amendées d'une manière notable. Les accès diminuent de fréquence et d'intensité.

Dans les catarrhes chroniques, la toux et la sécrétion muqueuse sont notablement diminuées. Les crises qui renaissent à chaque instant en hiver sont promptement dissipées par une cuillerée ou deux de sirop que l'on prend dès le début au moment de se coucher.

Dans la phthisie pulmonaire, l'usage de ce sirop calme les accès de toux et modère l'abondance de l'expectoration. Dans presque tous les cas, les nuits, ordinairement si tourmentées, retrouvent du calme et du sommeil. Ce médicament n'échappe pas au sort commun de tous les agents de la matière médicale, à l'habitude, et par suite à la nécessité d'en augmenter progressivement la dose. Je possède cependant une observation curieuse de sa persistance d'action :

Mme N., âgée de 38 ans, d'une constitution essentiellement nerveuse, avait eu de 18 à 25 ans plusieurs hémoptysies. Assaillie plus tard par des peines de toutes sortes, elle vit se développer chez elle tous les signes de la phthisie pulmonaire. Pendant trois ans j'avais eu recours à tous les moyens employés et préconisés en pareil cas pour combattre les accès de toux, la douleur, l'insomnie. Il est inutile de dire que l'opium, sous toutes les formes, avait été essayé à plusieurs reprises, et toujours sans succès, ou du moins avec si peu de durée, qu'il fallut bientôt y renoncer.

Enfin le sirop de Lactucarium est administré, et aussitôt la toux et l'expectoration diminuent, et le sommeil reparaît. L'usage en est suspendu pendant quelques jours ; aussitôt reviennent l'insomnie, les accès de toux, la douleur. Il en a été de même après chaque essai d'abandon de ce remède. Aussi, a-t-il été continué pendant trois mois consécutifs qu'a encore duré la maladie de Mme N., évitant à cette malade des douleurs vainement combattues par d'autres moyens.

Mode d'administration du sirop de Lactucarium de H. AUBERGIER. La dose ordinaire, chez un adulte, dans les affections légères, est de deux ou trois cuillerées à bouche par jour, prises, la première, le matin ; la seconde, à midi ; la troisième, le soir. On peut augmenter progressivement cette dose, ou l'administrer par cuillerées à café, d'heure en heure, dans le courant de la journée, en laissant un intervalle d'une heure avant ou après le repas. Le plus souvent je fais prendre le soir et au commencement de la nuit, une cuillerée de sirop, et quelquefois deux ; je prescris une autre cuillerée le matin, ou dans le milieu de la journée, pour prévenir les exacerbations qui se présentent dans la soirée.

Pour les enfants, la dose est d'une cuillerée à café, que l'on donne le soir ; quelquefois on donne une autre cuillerée à café le matin ou dans le courant de la journée.

NOTA. Le sirop de Lactucarium ne sort jamais de la fabrique de produits chimiques et pharmaceutiques de H. AUBERGIER qu'en flacons portant son étiquette, une capsule en étain sur laquelle se trouve son cachet, et renfermés dans une enveloppe de papier bleu, entourée d'une bande revêtue de la signature de l'inventeur.

Clermont-Ferrand, Imp. de PEROL.

RAPPORT DU JURY D'ADMISSION

SUR LE LACTUCARIUM,

Présenté par M. AUBERGIER, Fabricant de Produits chimiques et pharmaceutiques,

A CLERMONT-FERRAND.

M. Aubergier, docteur ès sciences, professeur à l'école de médecine de Clermont, a présenté au jury environ 50 *kilos* de suc laiteux de la laitue montée, obtenu par incisions et desséché au soleil, que l'on connaît sous le nom de *Lactucarium*. Ce produit est regardé depuis long-temps comme pouvant être employé utilement en médecine. Un grand nombre d'observateurs s'accordent, en effet, pour reconnaître au Lactucarium des propriétés calmantes et somnifères très-prononcées, propriétés qui se manifestent sans entraîner avec elles aucun des inconvénients attachés à l'usage de l'opium. C'est en diminuant la rapidité de la circulation, et par conséquent la trop grande chaleur qui en est la suite, qu'il modère les douleurs, et ramène dans toute l'économie cet état de calme qui détermine le sommeil chez les personnes nerveuses et irritables, aussi bien que chez celles qui sont tourmentées par une insomnie fatigante à la suite de travaux excessifs de cabinet, ou dans les convalescences qui suivent de longues maladies. Il fait passer des nuits tranquilles, sans agitation ni chaleur à la peau, aux sujets valétudinaires qui répugnent à prendre de l'opium ou qui ne peuvent le supporter. L'action du Lactucarium paraît toute spéciale dans les divers états qui supposent une exaltation du système nerveux. Il ralentit et régularise les mouvements du cœur, il calme les accès de toux qui ruinent les forces des phthisiques, et en éloigne le retour. On a encore recours avec succès à ce médicament dans les rhumes, les catarrhes, les toux nerveuses, l'asthme spasmodique, la coqueluche, les spasmes d'estomac, etc. Enfin, l'emploi du Lactucarium est indiqué toutes les fois qu'il s'agit de produire un effet sédatif, sans porter au cerveau, ainsi que le fait l'opium.

Mais la difficulté que l'on éprouvait pour obtenir le suc *laiteux* de la laitue par incisions en avait rendu l'emploi impossible jusqu'à présent. Aussi le docteur Bidault de Villiers, après avoir

exposé les résultats qu'il avait obtenus avec *cinq ou six grammes de Lactucarium* recueillis à grand'peine, faisait-il des vœux pour qu'on parvînt un jour à préparer en grand une substance qui lui paraissait devoir prendre un rang si utile dans la thérapeutique.

Ce but, M. Aubergier est parvenu à l'atteindre en cultivant une espèce de laitue qui acquiert, par la culture, des proportions gigantesques (trois mètres d'élévation). Les surfaces sur lesquelles on opère les incisions étant plus grandes, le suc laiteux en coule en abondance. Peut-être aussi M. Aubergier doit-il rapporter une partie du succès qu'il a obtenu dans les essais dans lesquels tant d'autres ont échoué aux conditions favorables dans lesquelles il était placé, à la fertilité des terrains de la Limagne, cette terre promise pour toutes les cultures.

Les résultats des recherches de M. Aubergier ont été présentés avec des éloges à l'Académie des sciences. On remarque le passage suivant dans un rapport fait à l'Académie de médecine : « Le Lac-
» tucarium, *obtenu avec tous les caractères que lui ont attribués les*
» *premiers observateurs, est un* médicament précieux. Aux obser-
» vations faites en Écosse et en France, M. le docteur Bertrand
» fils vient d'en ajouter de récentes qui confirment l'action séda-
» tive et l'innocuité *de ce doux succédané de l'opium.* »

Ainsi, l'emploi du Lactucarium promet de soustraire le pays à un impôt considérable qu'il paie à l'étranger, et, ce qu'il y a de plus important encore, lorsqu'il s'agit d'un médicament, le produit indigène est exempt des inconvénients du produit exotique.

Nous ne devons pas négliger de faire remarquer que les résultats obtenus par M. Aubergier ouvrent la voie à de nouvelles applications : les sucs laiteux qui s'écoulent d'incisions pratiquées aux plantes, et qui s'évaporent spontanément par une simple exposition au soleil, sont beaucoup plus riches en principes actifs que nos extraits, avec quelque soin qu'on les prépare. On en trouve un exemple remarquable dans la THRIDACE, extrait préparé par l'évaporation sur le feu du suc obtenu de la laitue en exprimant la plante entière, et que l'expérience médicale a démontré être tout-à-fait inerte. Une différence dans le mode de préparation de deux produits, qui ont pourtant la même origine, en introduit une si grande dans leurs propriétés, que LA THRIDACE EST presque SANS ACTION, *comme l'a très-bien fait remarquer le rapport de l'Académie de médecine,* tandis que le Lactucarium a une efficacité réelle que tous les médecins qui ont étudié ses effets ont reconnue, etc., etc.

OBSERVATIONS

SUR L'EMPLOI DU LACTUCARIUM,

Par M. SERSIRON,

Professeur à l'École préparatoire de Médecine et de Pharmacie de Clermont-Ferrand.

———

Plusieurs années de recherches ayant enfin appris à retirer de la laitue son suc laiteux en assez grande quantité pour pouvoir le livrer aux préparations de la pharmacie usuelle, j'ai été appelé l'un des premiers à expérimenter cet agent thérapeutique, dont M. Aubergier venait de doter la matière médicale. Voici le résumé succinct d'expérimentations nombreuses répétées depuis trois ans, tant à l'Hôtel-Dieu que dans la pratique civile.

De toutes les préparations de Lactucarium que j'ai successivement essayées, j'ai été amené à reconnaître que la plus facile à employer, celle qui donne les résultats les meilleurs et les plus constants, est le sirop composé d'après la formule de M. Aubergier.

Je dois ajouter que la préparation du sirop de Lactucarium exige une connaissance si complète des propriétés de cette substance, pour ne négliger aucune des précautions nécessaires pour la préserver de toute altération, que ce sirop a besoin, pour réussir, d'avoir été préparé avec tous les soins que lui donne l'auteur.

On donnera ce sirop avec succès dans tous les cas de surexcitation du système nerveux, contre l'insomnie dont s'accompagne souvent la convalescence des maladies de longue durée, contre les palpitations de cœur qui ne résultent pas d'une altération anatomique de cet organe, contre les névralgies intestinales, toutes les fois, enfin, qu'on aura besoin de produire un effet sédatif. Mais c'est surtout dans les affections des organes respiratoires qu'il se montre le plus efficace. Les bronchites légères, si communes dans notre climat, à variations si brusques dans la température, résistent rarement pendant quelques jours à l'usage du sirop de Lactucarium. Les toux convulsives, la coqueluche, sont habituellement amendées d'une manière notable. Les accès diminuent de fréquence et d'intensité.

Dans les catarrhes chroniques, la toux et la sécrétion muqueuse sont notablement diminuées. Les crises qui renaissent à chaque instant en hiver sont promptement dissipées par une cuillerée ou deux de sirop que l'on prend dès le début au moment de se coucher.

Dans la phthisie pulmonaire, l'usage de ce sirop calme les accès de toux et modère l'abondance de l'expectoration. Dans presque tous les cas, les nuits, ordinairement si tourmentées, retrouvent du calme et du sommeil. Ce médicament n'échappe pas au sort commun de tous les agents de la matière médicale, à l'habitude, et par suite à la nécessité d'en augmenter progressivement la dose. Je possède cependant une observation curieuse de sa persistance d'action :

Mme N., âgée de 38 ans, d'une constitution essentiellement nerveuse, avait eu de 18 à 25 ans plusieurs hémoptysies. Assaillie plus tard par des peines de toutes sortes, elle vit se développer chez elle tous les signes de la phthisie pulmonaire. Pendant trois ans j'avais eu recours à tous les moyens employés et préconisés en pareil cas pour combattre les accès de toux, la douleur, l'insomnie. Il est inutile de dire que l'opium, sous toutes les formes, avait été essayé à plusieurs reprises, et toujours sans succès, ou du moins avec si peu de durée, qu'il fallut bientôt y renoncer.

Enfin le sirop de Lactucarium est administré, et aussitôt la toux et l'expectoration diminuent, et le sommeil reparaît. L'usage en est suspendu pendant quelques jours; aussitôt reviennent l'insomnie, les accès de toux, la douleur. Il en a été de même après chaque essai d'abandon de ce remède. Aussi, a-t-il été continué pendant trois mois consécutifs qu'a encore duré la maladie de Mme N., évitant à cette malade des douleurs vainement combattues par d'autres moyens.

Mode d'administration du sirop de Lactucarium de H. Aubergier. La dose ordinaire, chez un adulte, dans les affections légères, est de deux ou trois cuillerées à bouche par jour, prises, la première, le matin; la seconde, à midi; la troisième, le soir. On peut augmenter progressivement cette dose, ou l'administrer par cuillerées à café, d'heure en heure, dans le courant de la journée, en laissant un intervalle d'une heure avant ou après le repas. Le plus souvent je fais prendre le soir et au commencement de la nuit, une cuillerée de sirop, et quelquefois deux; je prescris une autre cuillerée le matin, ou dans le milieu de la journée, pour prévenir les exacerbations qui se présentent dans la soirée.

Pour les enfants, la dose est d'une cuillerée à café, que l'on donne le soir; quelquefois on donne une autre cuillerée à café le matin ou dans le courant de la journée.

NOTA. Le sirop de Lactucarium ne sort jamais de la fabrique de produits chimiques et pharmaceutiques de H. AUBERGIER qu'en flacons portant son étiquette, une capsule en étain sur laquelle se trouve son cachet, et renfermés dans une enveloppe de papier bleu, entourée d'une bande revêtue de la signature de l'inventeur.

Clermont-Ferrand. Imp. de PEROL.

RAPPORT DU JURY D'ADMISSION,

SUR LE LACTUCARIUM,

Présenté par M. AUBERGIER, Fabricant de Produits chimiques et pharmaceutiques,

A CLERMONT-FERRAND.

M. AUBERGIER, docteur ès sciences, professeur à l'école de médecine de Clermont, a présenté au jury environ 50 *kilos* de suc laiteux de la laitue montée, obtenu par incisions et desséché au soleil, que l'on connaît sous le nom de *Lactucarium*. Ce produit est regardé depuis long-temps comme pouvant être employé utilement en médecine. Un grand nombre d'observateurs s'accordent, en effet, pour reconnaître au Lactucarium des propriétés calmantes et somnifères très-prononcées, propriétés qui se manifestent sans entraîner avec elles aucun des inconvénients attachés à l'usage de l'opium. C'est en diminuant la rapidité de la circulation, et par conséquent la trop grande chaleur qui en est la suite, qu'il modère les douleurs, et ramène dans toute l'économie cet état de calme qui détermine le sommeil chez les personnes nerveuses et irritables, aussi bien que chez celles qui sont tourmentées par une insomnie fatigante à la suite de travaux excessifs de cabinet, ou dans les convalescences qui suivent de longues maladies. Il fait passer des nuits tranquilles, sans agitation ni chaleur à la peau, aux sujets valétudinaires qui répugnent à prendre de l'opium ou qui ne peuvent le supporter. L'action du Lactucarium paraît toute spéciale dans les divers états qui supposent une exaltation du système nerveux. Il ralentit et régularise les mouvements du cœur, il calme les accès de toux qui ruinent les forces des phthisiques, et en éloigne le retour. On a encore recours avec succès à ce médicament dans les rhumes, les catarrhes, les toux nerveuses, l'asthme spasmodique, la coqueluche, les spasmes d'estomac, etc. Enfin, l'emploi du Lactucarium est indiqué toutes les fois qu'il s'agit de produire un effet sédatif, sans porter au cerveau, ainsi que le fait l'opium.

Mais la difficulté que l'on éprouvait pour obtenir le suc *laiteux* de la laitue par incisions en avait rendu l'emploi impossible jusqu'à présent. Aussi le docteur Bidault de Villiers, après avoir

exposé les résultats qu'il avait obtenus avec *cinq ou six grammes de Lactucarium* recueillis à grand'peine, faisait-il des vœux pour qu'on parvînt un jour à préparer en grand une substance qui lui paraissait devoir prendre un rang si utile dans la thérapeutique.

Ce but, M. Aubergier est parvenu à l'atteindre en cultivant une espèce de laitue qui acquiert, par la culture, des proportions gigantesques (trois mètres d'élévation). Les surfaces sur lesquelles on opère les incisions étant plus grandes, le suc laiteux en coule en abondance. Peut-être aussi M. Aubergier doit-il rapporter une partie du succès qu'il a obtenu dans les essais dans lesquels tant d'autres ont échoué aux conditions favorables dans lesquelles il était placé, à la fertilité des terrains de la Limagne, cette terre promise pour toutes les cultures.

Les résultats des recherches de M. Aubergier ont été présentés avec des éloges à l'Académie des sciences. On remarque le passage suivant dans un rapport fait à l'Académie de médecine : « Le Lac- » tucarium, *obtenu avec tous les caractères que lui ont attribués les* » *premiers observateurs, est un* médicament précieux. Aux obser- » vations faites en Ecosse et en France, M. le docteur Bertrand » fils vient d'en ajouter de récentes qui confirment l'action séda- » tive et l'innocuité *de ce doux succédané de l'opium.* »

Ainsi, l'emploi du Lactucarium promet de soustraire le pays à un impôt considérable qu'il paie à l'étranger, et, ce qu'il y a de plus important encore, lorsqu'il s'agit d'un médicament, le produit indigène est exempt des inconvénients du produit exotique.

Nous ne devons pas négliger de faire remarquer que les résultats obtenus par M. Aubergier ouvrent la voie à de nouvelles applications : les sucs laiteux qui s'écoulent d'incisions pratiquées aux plantes, et qui s'évaporent spontanément par une simple exposition au soleil, sont beaucoup plus riches en principes actifs que nos extraits, avec quelque soin qu'on les prépare. On en trouve un exemple remarquable dans la THRIDACE, extrait préparé par l'évaporation sur le feu du suc obtenu de la laitue en exprimant la plante entière, et que l'expérience médicale a démontré être tout-à-fait inerte. Une différence dans le mode de préparation de deux produits, qui ont pourtant la même origine, en introduit une si grande dans leurs propriétés, que LA THRIDACE EST presque SANS ACTION, *comme l'a très-bien fait remarquer le rapport de l'Académie de médecine,* tandis que le Lactucarium a une efficacité réelle que tous les médecins qui ont étudié ses effets ont reconnue, etc., etc.

OBSERVATIONS

SUR L'EMPLOI DU LACTUCARIUM,

Par M. SERSIRON,

Professeur à l'École préparatoire de Médecine et de Pharmacie de Clermont-Ferrand.

Plusieurs années de recherches ayant enfin appris à retirer de la laitue son suc laiteux en assez grande quantité pour pouvoir le livrer aux préparations de la pharmacie usuelle, j'ai été appelé l'un des premiers à expérimenter cet agent thérapeutique, dont M. Aubergier venait de doter la matière médicale. Voici le résumé succinct d'expérimentations nombreuses répétées depuis trois ans, tant à l'Hôtel-Dieu que dans la pratique civile.

De toutes les préparations de Lactucarium que j'ai successivement essayées, j'ai été amené à reconnaître que la plus facile à employer, celle qui donne les résultats les meilleurs et les plus constants, est le sirop composé d'après la formule de M. Aubergier.

Je dois ajouter que la préparation du sirop de Lactucarium exige une connaissance si complète des propriétés de cette substance, pour ne négliger aucune des précautions nécessaires pour la préserver de toute altération, que ce sirop a besoin, pour réussir, d'avoir été préparé avec tous les soins que lui donne l'auteur.

On donnera ce sirop avec succès dans tous les cas de surexcitation du système nerveux, contre l'insomnie dont s'accompagne souvent la convalescence des maladies de longue durée, contre les palpitations de cœur qui ne résultent pas d'une altération anatomique de cet organe, contre les névralgies intestinales, toutes les fois, enfin, qu'on aura besoin de produire un effet sédatif. Mais c'est surtout dans les affections des organes respiratoires qu'il se montre le plus efficace. Les bronchites légères, si communes dans notre climat, à variations si brusques dans la température, résistent rarement pendant quelques jours à l'usage du sirop de Lactucarium. Les toux convulsives, la coqueluche, sont habituellement amendées d'une manière notable. Les accès diminuent de fréquence et d'intensité.

Dans les catarrhes chroniques, la toux et la sécrétion muqueuse sont notablement diminuées. Les crises qui renaissent à chaque instant en hiver sont promptement dissipées par une cuillerée ou deux de sirop que l'on prend dès le début au moment de se coucher.

Dans la phthisie pulmonaire, l'usage de ce sirop calme les accès de toux et modère l'abondance de l'expectoration. Dans presque tous les cas, les nuits, ordinairement si tourmentées, retrouvent du calme et du sommeil. Ce médicament n'échappe pas au sort commun de tous les agents de la matière médicale, à l'habitude, et par suite à la nécessité d'en augmenter progressivement la dose. Je possède cependant une observation curieuse de sa persistance d'action :

Mme N., âgée de 38 ans, d'une constitution essentiellement nerveuse, avait eu de 18 à 25 ans plusieurs hémoptysies. Assaillie plus tard par des peines de toutes sortes, elle vit se développer chez elle tous les signes de la phthisie pulmonaire. Pendant trois ans j'avais eu recours à tous les moyens employés et préconisés en pareil cas pour combattre les accès de toux, la douleur, l'insomnie. Il est inutile de dire que l'opium, sous toutes les formes, avait été essayé à plusieurs reprises, et toujours sans succès, ou du moins avec si peu de durée, qu'il fallut bientôt y renoncer.
Enfin le sirop de Lactucarium est administré, et aussitôt la toux et l'expectoration diminuent, et le sommeil reparaît. L'usage en est suspendu pendant quelques jours; aussitôt reviennent l'insomnie, les accès de toux, la douleur. Il en a été de même après chaque essai d'abandon de ce remède. Aussi, a-t-il été continué pendant trois mois consécutifs qu'a encore duré la maladie de Mme N., évitant à cette malade des douleurs vainement combattues par d'autres moyens.

Mode d'administration du sirop de Lactucarium de H. Aubergier. La dose ordinaire, chez un adulte, dans les affections légères, est de deux ou trois cuillerées à bouche par jour, prises, la première, le matin; la seconde, à midi; la troisième, le soir. On peut augmenter progressivement cette dose, ou l'administrer par cuillerées à café, d'heure en heure, dans le courant de la journée, en laissant un intervalle d'une heure avant ou après le repas. Le plus souvent je fais prendre le soir et au commencement de la nuit, une cuillerée de sirop, et quelquefois deux; je prescris une autre cuillerée le matin, ou dans le milieu de la journée, pour prévenir les exacerbations qui se présentent dans la soirée.

Pour les enfants, la dose est d'une cuillerée à café, que l'on donne le soir; quelquefois on donne une autre cuillerée à café le matin ou dans le courant de la journée.

Nota. Le sirop de Lactucarium ne sort jamais de la fabrique de produits chimiques et pharmaceutiques de H. Aubergier qu'en flacons portant son étiquette, une capsule en étain sur laquelle se trouve son cachet, et renfermés dans une enveloppe de papier bleu, entourée d'une bande revêtue de la signature de l'inventeur.

Clermont-Ferrand, Imp. de Pérol.

RAPPORT DU JURY D'ADMISSION
SUR LE LACTUCARIUM,

Présenté par M. AUBERGIER, Fabricant de Produits
chimiques et pharmaceutiques,

A CLERMONT-FERRAND.

M. Aubergier, docteur ès sciences, professeur à l'école de
médecine de Clermont, a présenté au jury environ 50 *kilos* de
suc laiteux de la laitue montée, obtenu par incisions et desséché
au soleil, que l'on connaît sous le nom de *Lactucarium*. Ce produit est regardé depuis long-temps comme pouvant être employé
utilement en médecine. Un grand nombre d'observateurs s'accordent, en effet, pour reconnaître au Lactucarium des propriétés calmantes et somnifères très-prononcées, propriétés qui se
manifestent sans entraîner avec elles aucun des inconvénients
attachés à l'usage de l'opium. C'est en diminuant la rapidité de
la circulation, et par conséquent la trop grande chaleur qui en
est la suite, qu'il modère les douleurs, et ramène dans toute l'é-
conomie cet état de calme qui détermine le sommeil chez les
personnes nerveuses et irritables, aussi bien que chez celles qui
sont tourmentées par une insomnie fatigante à la suite de travaux excessifs de cabinet, ou dans les convalescences qui suivent
de longues maladies. Il fait passer des nuits tranquilles, sans agitation ni chaleur à la peau, aux sujets valétudinaires qui répugnent à prendre de l'opium ou qui ne peuvent le supporter. L'action du Lactucarium paraît toute spéciale dans les divers états
qui supposent une exaltation du système nerveux. Il ralentit et
régularise les mouvements du cœur, il calme les accès de toux
qui ruinent les forces des phthisiques, et en éloigne le retour.
On a encore recours avec succès à ce médicament dans les rhumes,
les catarrhes, les toux nerveuses, l'asthme spasmodique, la coqueluche, les spasmes d'estomac, etc. Enfin, l'emploi du Lactucarium est indiqué toutes les fois qu'il s'agit de produire un effet
sédatif, sans porter au cerveau, ainsi que le fait l'opium.

Mais la difficulté que l'on éprouvait pour obtenir le suc *laiteux*
de la laitue par incisions en avait rendu l'emploi impossible jusqu'à présent. Aussi le docteur Bidault de Villiers, après avoir

exposé les résultats qu'il avait obtenus avec *cinq ou six grammes de Lactucarium* recueillis à grand'peine, faisait-il des vœux pour qu'on parvînt un jour à préparer en grand une substance qui lui paraissait devoir prendre un rang si utile dans la thérapeutique.

Ce but, M. Aubergier est parvenu à l'atteindre en cultivant une espèce de laitue qui acquiert, par la culture, des proportions gigantesques (trois mètres d'élévation). Les surfaces sur lesquelles on opère les incisions étant plus grandes, le suc laiteux en coule en abondance. Peut-être aussi M. Aubergier doit-il rapporter une partie du succès qu'il a obtenu dans les essais dans lesquels tant d'autres ont échoué aux conditions favorables dans lesquelles il était placé, à la fertilité des terrains de la Limagne, cette terre promise pour toutes les cultures.

Les résultats des recherches de M. Aubergier ont été présentés avec des éloges à l'Académie des sciences. On remarque le passage suivant dans un rapport fait à l'Académie de médecine : « Le Lac-» tucarium, *obtenu avec tous les caractères que lui ont attribués les* » *premiers observateurs, est un* médicament précieux. Aux obser-» vations faites en Écosse et en France, M. le docteur Bertrand » fils vient d'en ajouter de récentes qui confirment l'action séda-» tive et l'innocuité *de ce doux succédané de l'opium.* »

Ainsi, l'emploi du Lactucarium promet de soustraire le pays à un impôt considérable qu'il paie à l'étranger, et, ce qu'il y a de plus important encore, lorsqu'il s'agit d'un médicament, le produit indigène est exempt des inconvénients du produit exotique.

Nous ne devons pas négliger de faire remarquer que les résultats obtenus par M. Aubergier ouvrent la voie à de nouvelles applications : les sucs laiteux qui s'écoulent d'incisions pratiquées aux plantes, et qui s'évaporent spontanément par une simple exposition au soleil, sont beaucoup plus riches en principes actifs que nos extraits, avec quelque soin qu'on les prépare. On en trouve un exemple remarquable dans la THRIDACE, extrait préparé par l'évaporation sur le feu du suc obtenu de la laitue en exprimant la plante entière, et que l'expérience médicale a démontré être tout-à-fait inerte. Une différence dans le mode de préparation de deux produits, qui ont pourtant la même origine, en introduit une si grande dans leurs propriétés, que LA THRIDACE EST presque SANS ACTION, *comme l'a très-bien fait remarquer le rapport de l'Académie de médecine,* tandis que le Lactucarium a une efficacité réelle que tous les médecins qui ont étudié ses effets ont reconnue, etc., etc.

OBSERVATIONS

SUR L'EMPLOI DU LACTUCARIUM,

Par M. SERSIRON,

*Professeur à l'École préparatoire de Médecine et de Pharmacie
de Clermont-Ferrand.*

Plusieurs années de recherches ayant enfin appris à retirer de la laitue son suc laiteux en assez grande quantité pour pouvoir le livrer aux préparations de la pharmacie usuelle, j'ai été appelé l'un des premiers à expérimenter cet agent thérapeutique, dont M. Aubergier venait de doter la matière médicale. Voici le résumé succinct d'expérimentations nombreuses répétées depuis trois ans, tant à l'Hôtel-Dieu que dans la pratique civile.

De toutes les préparations de Lactucarium que j'ai successivement essayées, j'ai été amené à reconnaître que la plus facile à employer, celle qui donne les résultats les meilleurs et les plus constants, est le sirop composé d'après la formule de M. Aubergier.

Je dois ajouter que la préparation du sirop de Lactucarium exige une connaissance si complète des propriétés de cette substance, pour ne négliger aucune des précautions nécessaires pour la préserver de toute altération, que ce sirop a besoin, pour réussir, d'avoir été préparé avec tous les soins que lui donne l'auteur.

On donnera ce sirop avec succès dans tous les cas de surexcitation du système nerveux, contre l'insomnie dont s'accompagne souvent la convalescence des maladies de longue durée, contre les palpitations de cœur qui ne résultent pas d'une altération anatomique de cet organe, contre les névralgies intestinales, toutes les fois, enfin, qu'on aura besoin de produire un effet sédatif. Mais c'est surtout dans les affections des organes respiratoires qu'il se montre le plus efficace. Les bronchites légères, si communes dans notre climat, à variations si brusques dans la température, résistent rarement pendant quelques jours à l'usage du sirop de Lactucarium. Les toux convulsives, la coqueluche, sont habituellement amendées d'une manière notable. Les accès diminuent de fréquence et d'intensité.

Dans les catarrhes chroniques, la toux et la sécrétion muqueuse sont notablement diminuées. Les crises qui renaissent à chaque instant en hiver sont promptement dissipées par une cuillerée ou deux de sirop que l'on prend dès le début au moment de se coucher.

Dans la phthisie pulmonaire, l'usage de ce sirop calme les accès de toux et modère l'abondance de l'expectoration. Dans presque tous les cas, les nuits, ordinairement si tourmentées, retrouvent du calme et du sommeil. Ce médicament n'échappe pas au sort commun de tous les agents de la matière médicale, à l'habitude, et par suite à la nécessité d'en augmenter progressivement la dose. Je possède cependant une observation curieuse de sa persistance d'action :

Mme N., âgée de 38 ans, d'une constitution essentiellement nerveuse, avait eu de 18 à 25 ans plusieurs hémoptysies. Assaillie plus tard par des peines de toutes sortes, elle vit se développer chez elle tous les signes de la phthisie pulmonaire. Pendant trois ans j'avais eu recours à tous les moyens employés et préconisés en pareil cas pour combattre les accès de toux, la douleur, l'insomnie. Il est inutile de dire que l'opium, sous toutes les formes, avait été essayé à plusieurs reprises, et toujours sans succès, ou du moins avec si peu de durée, qu'il fallut bientôt y renoncer.

Enfin le sirop de Lactucarium est administré, et aussitôt la toux et l'expectoration diminuent, et le sommeil reparaît. L'usage en est suspendu pendant quelques jours ; aussitôt reviennent l'insomnie, les accès de toux, la douleur. Il en a été de même après chaque essai d'abandon de ce remède. Aussi, a-t-il été continué pendant trois mois consécutifs qu'a encore duré la maladie de Mme N., évitant à cette malade des douleurs vainement combattues par d'autres moyens.

Mode d'administration du sirop de Lactucarium de H. AUBERGIER. La dose ordinaire, chez un adulte, dans les affections légères, est de deux ou trois cuillerées à bouche par jour, prises, la première, le matin ; la seconde, à midi ; la troisième, le soir. On peut augmenter progressivement cette dose, ou l'administrer par cuillerées à café, d'heure en heure, dans le courant de la journée, en laissant un intervalle d'une heure avant ou après le repas. Le plus souvent je fais prendre le soir et au commencement de la nuit, une cuillerée de sirop, et quelquefois deux ; je prescris une autre cuillerée le matin, ou dans le milieu de la journée, pour prévenir les exacerbations qui se présentent dans la soirée.

Pour les enfants, la dose est d'une cuillerée à café, que l'on donne le soir ; quelquefois on donne une autre cuillerée à café le matin ou dans le courant de la journée.

<hr />

NOTA. Le sirop de Lactucarium ne sort jamais de la fabrique de produits chimiques et pharmaceutiques de H. AUBERGIER qu'en flacons portant son étiquette, une capsule en étain sur laquelle se trouve son cachet, et renfermés dans une enveloppe de papier bleu, entourée d'une bande revêtue de la signature de l'inventeur.

Clermont-Ferrand, Imp. de PEROL.

RAPPORT DU JURY D'ADMISSION

SUR LE LACTUCARIUM,

Présenté par M. AUBERGIER, Fabricant de Produits chimiques et pharmaceutiques,

A CLERMONT-FERRAND.

M. Aubergier, docteur ès sciences, professeur à l'école de médecine de Clermont, a présenté au jury environ 50 *kilos* de suc laiteux de la laitue montée, obtenu par incisions et desséché au soleil, que l'on connaît sous le nom de *Lactucarium*. Ce produit est regardé depuis long-temps comme pouvant être employé utilement en médecine. Un grand nombre d'observateurs s'accordent, en effet, pour reconnaître au Lactucarium des propriétés calmantes et somnifères très-prononcées, propriétés qui se manifestent sans entraîner avec elles aucun des inconvénients attachés à l'usage de l'opium. C'est en diminuant la rapidité de la circulation, et par conséquent la trop grande chaleur qui en est la suite, qu'il modère les douleurs, et ramène dans toute l'économie cet état de calme qui détermine le sommeil chez les personnes nerveuses et irritables, aussi bien que chez celles qui sont tourmentées par une insomnie fatigante à la suite de travaux excessifs de cabinet, ou dans les convalescences qui suivent de longues maladies. Il fait passer des nuits tranquilles, sans agitation ni chaleur à la peau, aux sujets valétudinaires qui répugnent à prendre de l'opium ou qui ne peuvent le supporter. L'action du Lactucarium paraît toute spéciale dans les divers états qui supposent une exaltation du système nerveux. Il ralentit et régularise les mouvements du cœur, il calme les accès de toux qui ruinent les forces des phthisiques, et en éloigne le retour. On a encore recours avec succès à ce médicament dans les rhumes, les catarrhes, les toux nerveuses, l'asthme spasmodique, la coqueluche, les spasmes d'estomac, etc. Enfin, l'emploi du Lactucarium est indiqué toutes les fois qu'il s'agit de produire un effet sédatif, sans porter au cerveau, ainsi que le fait l'opium.

Mais la difficulté que l'on éprouvait pour obtenir le suc *laiteux* de la laitue par incisions en avait rendu l'emploi impossible jusqu'à présent. Aussi le docteur Bidault de Villiers, après avoir

exposé les résultats qu'il avait obtenus avec *cinq ou six grammes de Lactucarium* recueillis à grand'peine, faisait-il des vœux pour qu'on parvînt un jour à préparer en grand une substance qui lui paraissait devoir prendre un rang si utile dans la thérapeutique.

Ce but, M. Aubergier est parvenu à l'atteindre en cultivant une espèce de laitue qui acquiert, par la culture, des proportions gigantesques (trois mètres d'élévation). Les surfaces sur lesquelles on opère les incisions étant plus grandes, le suc laiteux en coule en abondance. Peut-être aussi M. Aubergier doit-il rapporter une partie du succès qu'il a obtenu dans les essais dans lesquels tant d'autres ont échoué aux conditions favorables dans lesquelles il était placé, à la fertilité des terrains de la Limagne, cette terre promise pour toutes les cultures.

Les résultats des recherches de M. Aubergier ont été présentés avec des éloges à l'Académie des sciences. On remarque le passage suivant dans un rapport fait à l'Académie de médecine : « Le Lac-
» tucarium, *obtenu avec tous les caractères que lui ont attribués les*
» *premiers observateurs, est un* médicament précieux. Aux obser-
» vations faites en Écosse et en France, M. le docteur Bertrand
» fils vient d'en ajouter de récentes qui confirment l'action séda-
» tive et l'innocuité *de ce doux succédané de l'opium.* »

Ainsi, l'emploi du Lactucarium promet de soustraire le pays à un impôt considérable qu'il paie à l'étranger, et, ce qu'il y a de plus important encore, lorsqu'il s'agit d'un médicament, le produit indigène est exempt des inconvénients du produit exotique.

Nous ne devons pas négliger de faire remarquer que les résultats obtenus par M. Aubergier ouvrent la voie à de nouvelles applications : les sucs laiteux qui s'écoulent d'incisions pratiquées aux plantes, et qui s'évaporent spontanément par une simple exposition au soleil, sont beaucoup plus riches en principes actifs que nos extraits, avec quelque soin qu'on les prépare. On en trouve un exemple remarquable dans la THRIDACE, extrait préparé par l'évaporation sur le feu du suc obtenu de la laitue en exprimant la plante entière, et que l'expérience médicale a démontré être tout-à-fait inerte. Une différence dans le mode de préparation de deux produits, qui ont pourtant la même origine, en introduit une si grande dans leurs propriétés, que LA THRIDACE EST presque SANS ACTION, *comme l'a très-bien fait remarquer le rapport de l'Académie de médecine,* tandis que le Lactucarium a une efficacité réelle que tous les médecins qui ont étudié ses effets ont reconnue ; etc., etc.

OBSERVATIONS
SUR L'EMPLOI DU LACTUCARIUM,

PAR M. SERSIRON,

*Professeur à l'École préparatoire de Médecine et de Pharmacie
de Clermont-Ferrand.*

———

Plusieurs années de recherches ayant enfin appris à retirer de la laitue son suc laiteux en assez grande quantité pour pouvoir le livrer aux préparations de la pharmacie usuelle, j'ai été appelé l'un des premiers à expérimenter cet agent thérapeutique, dont M. Aubergier venait de doter la matière médicale. Voici le résumé succinct d'expérimentations nombreuses répétées depuis trois ans, tant à l'Hôtel-Dieu que dans la pratique civile.

De toutes les préparations de Lactucarium que j'ai successivement essayées, j'ai été amené à reconnaître que la plus facile à employer, celle qui donne les résultats les meilleurs et les plus constants, est le sirop composé d'après la formule de M. Aubergier.

Je dois ajouter que la préparation du sirop de Lactucarium exige une connaissance si complète des propriétés de cette substance, pour ne négliger aucune des précautions nécessaires pour la préserver de toute altération, que ce sirop a besoin, pour réussir, d'avoir été préparé avec tous les soins que lui donne l'auteur.

On donnera ce sirop avec succès dans tous les cas de surexcitation du système nerveux, contre l'insomnie dont s'accompagne souvent la convalescence des maladies de longue durée, contre les palpitations de cœur qui ne résultent pas d'une altération anatomique de cet organe, contre les névralgies intestinales, toutes les fois, enfin, qu'on aura besoin de produire un effet sédatif. Mais c'est surtout dans les affections des organes respiratoires qu'il se montre le plus efficace. Les bronchites légères, si communes dans notre climat, à variations si brusques dans la température, résistent rarement pendant quelques jours à l'usage du sirop de Lactucarium. Les toux convulsives, la coqueluche, sont habituellement amendées d'une manière notable. Les accès diminuent de fréquence et d'intensité.

Dans les catarrhes chroniques, la toux et la sécrétion muqueuse sont notablement diminuées. Les crises qui renaissent à chaque instant en hiver sont promptement dissipées par une cuillerée ou deux de sirop que l'on prend dès le début au moment de se coucher.

Dans la phthisie pulmonaire, l'usage de ce sirop calme les accès de toux et modère l'abondance de l'expectoration. Dans presque tous les cas, les nuits, ordinairement si tourmentées, retrouvent du calme et du sommeil. Ce médicament n'échappe pas au sort commun de tous les agents de la matière médicale, à l'habitude, et par suite à la nécessité d'en augmenter progressivement la dose. Je possède cependant une observation curieuse de sa persistance d'action :

Mme N., âgée de 38 ans, d'une constitution essentiellement nerveuse, avait eu de 18 à 25 ans plusieurs hémoptysies. Assaillie plus tard par des peines de toutes sortes, elle vit se développer chez elle tous les signes de la phthisie pulmonaire. Pendant trois ans j'avais eu recours à tous les moyens employés et préconisés en pareil cas pour combattre les accès de toux, la douleur, l'insomnie. Il est inutile de dire que l'opium, sous toutes les formes, avait été essayé à plusieurs reprises, et toujours sans succès, ou du moins avec si peu de durée, qu'il fallut bientôt y renoncer.

Enfin le sirop de Lactucarium est administré, et aussitôt la toux et l'expectoration diminuent, et le sommeil reparaît. L'usage en est suspendu pendant quelques jours; aussitôt reviennent l'insomnie, les accès de toux, la douleur. Il en a été de même après chaque essai d'abandon de ce remède. Aussi, a-t-il été continué pendant trois mois consécutifs qu'a encore duré la maladie de Mme N., évitant à cette malade des douleurs vainement combattues par d'autres moyens.

Mode
d'administration
du sirop
de Lactucarium
de H. Aubergier.

La dose ordinaire, chez un adulte, dans les affections légères, est de deux ou trois cuillerées à bouche par jour, prises, la première, le matin; la seconde, à midi; la troisième, le soir. On peut augmenter progressivement cette dose, ou l'administrer par cuillerées à café, d'heure en heure, dans le courant de la journée, en laissant un intervalle d'une heure avant ou après le repas. Le plus souvent je fais prendre le soir et au commencement de la nuit, une cuillerée de sirop, et quelquefois deux; je prescris une autre cuillerée le matin, ou dans le milieu de la journée, pour prévenir les exacerbations qui se présentent dans la soirée.

Pour les enfants, la dose est d'une cuillerée à café, que l'on donne le soir; quelquefois on donne une autre cuillerée à café le matin ou dans le courant de la journée.

Nota. Le sirop de Lactucarium ne sort jamais de la fabrique de produits chimiques et pharmaceutiques de H. Aubergier qu'en flacons portant son étiquette, une capsule en étain sur laquelle se trouve son cachet, et renfermés dans une enveloppe de papier bleu, entourée d'une bande revêtue de la signature de l'inventeur.

Clermont-Ferrand, Imp. de Pérol.

RAPPORT DU JURY D'ADMISSION

SUR LE LACTUCARIUM,

**Présenté par M. AUBERGIER, Fabricant de Produits
chimiques et pharmaceutiques,**

A CLERMONT-FERRAND.

M. AUBERGIER, docteur ès sciences, professeur à l'école de
médecine de Clermont, a présenté au jury environ 50 *kilos* de
suc laiteux de la laitue montée, obtenu par incisions et desséché
au soleil, que l'on connaît sous le nom de *Lactucarium*. Ce produit est regardé depuis long-temps comme pouvant être employé
utilement en médecine. Un grand nombre d'observateurs s'accordent, en effet, pour reconnaître au Lactucarium des propriétés calmantes et somnifères très-prononcées, propriétés qui se
manifestent sans entraîner avec elles aucun des inconvénients
attachés à l'usage de l'opium. C'est en diminuant la rapidité de
la circulation, et par conséquent la trop grande chaleur qui en
est la suite, qu'il modère les douleurs, et ramène dans toute l'é-
conomie cet état de calme qui détermine le sommeil chez les
personnes nerveuses et irritables, aussi bien que chez celles qui
sont tourmentées par une insomnie fatigante à la suite de travaux excessifs de cabinet, ou dans les convalescences qui suivent
de longues maladies. Il fait passer des nuits tranquilles, sans agitation ni chaleur à la peau, aux sujets valétudinaires qui répugnent à prendre de l'opium ou qui ne peuvent le supporter. L'action du Lactucarium paraît toute spéciale dans les divers états
qui supposent une exaltation du système nerveux. Il ralentit et
régularise les mouvements du cœur, il calme les accès de toux
qui ruinent les forces des phthisiques, et en éloigne le retour.
On a encore recours avec succès à ce médicament dans les rhumes,
les catarrhes, les toux nerveuses, l'asthme spasmodique, la coqueluche, les spasmes d'estomac, etc. Enfin, l'emploi du Lactucarium est indiqué toutes les fois qu'il s'agit de produire un effet
sédatif, sans porter au cerveau, ainsi que le fait l'opium.

Mais la difficulté que l'on éprouvait pour obtenir le suc *laiteux*
de la laitue par incisions en avait rendu l'emploi impossible jusqu'à présent. Aussi le docteur Bidault de Villiers, après avoir

exposé les résultats qu'il avait obtenus avec *cinq ou six grammes de Lactucarium* recueillis à grand'peine, faisait-il des vœux pour qu'on parvînt un jour à préparer en grand une substance qui lui paraissait devoir prendre un rang si utile dans la thérapeutique.

Ce but, M. Aubergier est parvenu à l'atteindre en cultivant une espèce de laitue qui acquiert, par la culture, des proportions gigantesques (trois mètres d'élévation). Les surfaces sur lesquelles on opère les incisions étant plus grandes, le suc laiteux en coule en abondance. Peut-être aussi M. Aubergier doit-il rapporter une partie du succès qu'il a obtenu dans les essais dans lesquels tant d'autres ont échoué aux conditions favorables dans lesquelles il était placé, à la fertilité des terrains de la Limagne, cette terre promise pour toutes les cultures.

Les résultats des recherches de M. Aubergier ont été présentés avec des éloges à l'Académie des sciences. On remarque le passage suivant dans un rapport fait à l'Académie de médecine : « Le Lac- » tucarium, *obtenu avec tous les caractères que lui ont attribués les* » *premiers observateurs, est un* médicament précieux. Aux obser- » vations faites en Ecosse et en France, M. le docteur Bertrand » fils vient d'en ajouter de récentes qui confirment l'action séda- » tive et l'innocuité *de ce doux succédané de l'opium.* »

Ainsi, l'emploi du Lactucarium promet de soustraire le pays à un impôt considérable qu'il paie à l'étranger, et, ce qu'il y a de plus important encore, lorsqu'il s'agit d'un médicament, le produit indigène est exempt des inconvénients du produit exotique.

Nous ne devons pas négliger de faire remarquer que les résultats obtenus par M. Aubergier ouvrent la voie à de nouvelles applications : les sucs laiteux qui s'écoulent d'incisions pratiquées aux plantes, et qui s'évaporent spontanément par une simple exposition au soleil, sont beaucoup plus riches en principes actifs que nos extraits, avec quelque soin qu'on les prépare. On en trouve un exemple remarquable dans la THRIDACE, extrait préparé par l'évaporation sur le feu du suc obtenu de la laitue en exprimant la plante entière, et que l'expérience médicale a démontré être tout-à-fait inerte. Une différence dans le mode de préparation de deux produits, qui ont pourtant la même origine, en introduit une si grande dans leurs propriétés, que LA THRIDACE EST presque SANS ACTION, *comme l'a très-bien fait remarquer le rapport de l'Académie de médecine,* tandis que le Lactucarium a une efficacité réelle que tous les médecins qui ont étudié ses effets ont reconnue, etc., etc.

OBSERVATIONS

SUR L'EMPLOI DU LACTUCARIUM,

PAR M. SERSIRON,

Professeur à l'École préparatoire de Médecine et de Pharmacie de Clermont-Ferrand.

———

Plusieurs années de recherches ayant enfin appris à retirer de la laitue son suc laiteux en assez grande quantité pour pouvoir le livrer aux préparations de la pharmacie usuelle, j'ai été appelé l'un des premiers à expérimenter cet agent thérapeutique, dont M. Aubergier venait de doter la matière médicale. Voici le résumé succinct d'expérimentations nombreuses répétées depuis trois ans, tant à l'Hôtel-Dieu que dans la pratique civile.

De toutes les préparations de Lactucarium que j'ai successivement essayées, j'ai été amené à reconnaître que la plus facile à employer, celle qui donne les résultats les meilleurs et les plus constants, est le sirop composé d'après la formule de M. Aubergier.

Je dois ajouter que la préparation du sirop de Lactucarium exige une connaissance si complète des propriétés de cette substance, pour ne négliger aucune des précautions nécessaires pour la préserver de toute altération, que ce sirop a besoin, pour réussir, d'avoir été préparé avec tous les soins que lui donne l'auteur.

On donnera ce sirop avec succès dans tous les cas de surexcitation du système nerveux, contre l'insomnie dont s'accompagne souvent la convalescence des maladies de longue durée, contre les palpitations de cœur qui ne résultent pas d'une altération anatomique de cet organe, contre les névralgies intestinales, toutes les fois, enfin, qu'on aura besoin de produire un effet sédatif. Mais c'est surtout dans les affections des organes respiratoires qu'il se montre le plus efficace. Les bronchites légères, si communes dans notre climat, à variations si brusques dans la température, résistent rarement pendant quelques jours à l'usage du sirop de Lactucarium. Les toux convulsives, la coqueluche, sont habituellement amendées d'une manière notable. Les accès diminuent de fréquence et d'intensité.

Dans les catarrhes chroniques, la toux et la sécrétion muqueuse sont notablement diminuées. Les crises qui renaissent à chaque instant en hiver sont promptement dissipées par une cuillerée ou deux de sirop que l'on prend dès le début au moment de se coucher.

Dans la phthisie pulmonaire, l'usage de ce sirop calme les accès de toux et modère l'abondance de l'expectoration. Dans presque tous les cas, les nuits, ordinairement si tourmentées, retrouvent du calme et du sommeil. Ce médicament n'échappe pas au sort commun de tous les agents de la matière médicale, à l'habitude, et par suite à la nécessité d'en augmenter progressivement la dose. Je possède cependant une observation curieuse de sa persistance d'action :

Mme N., âgée de 38 ans, d'une constitution essentiellement nerveuse, avait eu de 18 à 25 ans plusieurs hémoptysies. Assaillie plus tard par des peines de toutes sortes, elle vit se développer chez elle tous les signes de la phthisie pulmonaire. Pendant trois ans j'avais eu recours à tous les moyens employés et préconisés en pareil cas pour combattre les accès de toux, la douleur, l'insomnie. Il est inutile de dire que l'opium, sous toutes les formes, avait été essayé à plusieurs reprises, et toujours sans succès, ou du moins avec si peu de durée, qu'il fallut bientôt y renoncer.

Enfin le sirop de Lactucarium est administré, et aussitôt la toux et l'expectoration diminuent, et le sommeil reparaît. L'usage en est suspendu pendant quelques jours; aussitôt reviennent l'insomnie, les accès de toux, la douleur. Il en a été de même après chaque essai d'abandon de ce remède. Aussi, a-t-il été continué pendant trois mois consécutifs qu'a encore duré la maladie de Mme N., évitant à cette malade des douleurs vainement combattues par d'autres moyens.

Mode d'administration du sirop de Lactucarium de H. AUBERGIER. La dose ordinaire, chez un adulte, dans les affections légères, est de deux ou trois cuillerées à bouche par jour, prises, la première, le matin; la seconde, à midi; la troisième, le soir. On peut augmenter progressivement cette dose, ou l'administrer par cuillerées à café, d'heure en heure, dans le courant de la journée, en laissant un intervalle d'une heure avant ou après le repas. Le plus souvent je fais prendre le soir et au commencement de la nuit, une cuillerée de sirop, et quelquefois deux; je prescris une autre cuillerée le matin, ou dans le milieu de la journée, pour prévenir les exacerbations qui se présentent dans la soirée.

Pour les enfants, la dose est d'une cuillerée à café, que l'on donne le soir; quelquefois on donne une autre cuillerée à café le matin ou dans le courant de la journée.

———◦◦———

NOTA. Le sirop de Lactucarium ne sort jamais de la fabrique de produits chimiques et pharmaceutiques de H. AUBERGIER qu'en flacons portant son étiquette, une capsule en étain sur laquelle se trouve son cachet, et renfermés dans une enveloppe de papier bleu, entourée d'une bande revêtue de la signature de l'inventeur.

Clermont-Ferrand, Imp. de PEROL.

RAPPORT DU JURY D'ADMISSION

SUR LE LACTUCARIUM,

Présenté par M. AUBERGIER, Fabricant de Produits chimiques et pharmaceutiques,

A CLERMONT-FERRAND.

M. Aubergier, docteur ès sciences, professeur à l'école de médecine de Clermont, a présenté au jury environ 50 *kilos* de suc laiteux de la laitue montée, obtenu par incisions et desséché au soleil, que l'on connaît sous le nom de *Lactucarium*. Ce produit est regardé depuis long-temps comme pouvant être employé utilement en médecine. Un grand nombre d'observateurs s'accordent, en effet, pour reconnaître au Lactucarium des propriétés calmantes et somnifères très-prononcées, propriétés qui se manifestent sans entraîner avec elles aucun des inconvénients attachés à l'usage de l'opium. C'est en diminuant la rapidité de la circulation, et par conséquent la trop grande chaleur qui en est la suite, qu'il modère les douleurs, et ramène dans toute l'économie cet état de calme qui détermine le sommeil chez les personnes nerveuses et irritables, aussi bien que chez celles qui sont tourmentées par une insomnie fatigante à la suite de travaux excessifs de cabinet, ou dans les convalescences qui suivent de longues maladies. Il fait passer des nuits tranquilles, sans agitation ni chaleur à la peau, aux sujets valétudinaires qui répugnent à prendre de l'opium ou qui ne peuvent le supporter. L'action du Lactucarium paraît toute spéciale dans les divers états qui supposent une exaltation du système nerveux. Il ralentit et régularise les mouvements du cœur, il calme les accès de toux qui ruinent les forces des phthisiques, et en éloigne le retour. On a encore recours avec succès à ce médicament dans les rhumes, les catarrhes, les toux nerveuses, l'asthme spasmodique, la coqueluche, les spasmes d'estomac, etc. Enfin, l'emploi du Lactucarium est indiqué toutes les fois qu'il s'agit de produire un effet sédatif, sans porter au cerveau, ainsi que le fait l'opium.

Mais la difficulté que l'on éprouvait pour obtenir le suc *laiteux* de la laitue par incisions en avait rendu l'emploi impossible jusqu'à présent. Aussi le docteur Bidault de Villiers, après avoir

exposé les résultats qu'il avait obtenus avec *cinq ou six grammes* de *Lactucarium* recueillis à grand'peine, faisait-il des vœux pour qu'on parvînt un jour à préparer en grand une substance qui lui paraissait devoir prendre un rang si utile dans la thérapeutique.

Ce but, M. Aubergier est parvenu à l'atteindre en cultivant une espèce de laitue qui acquiert, par la culture, des proportions gigantesques (trois mètres d'élévation). Les surfaces sur lesquelles on opère les incisions étant plus grandes, le suc laiteux en coule en abondance. Peut-être aussi M. Aubergier doit-il rapporter une partie du succès qu'il a obtenu dans les essais dans lesquels tant d'autres ont échoué aux conditions favorables dans lesquelles il était placé, à la fertilité des terrains de la Limagne, cette terre promise pour toutes les cultures.

Les résultats des recherches de M. Aubergier ont été présentés avec des éloges à l'Académie des sciences. On remarque le passage suivant dans un rapport fait à l'Académie de médecine : « Le Lac- » tucarium, *obtenu avec tous les caractères que lui ont attribués les* » *premiers observateurs, est un* médicament précieux. Aux obser- » vations faites en Écosse et en France, M. le docteur Bertrand » fils vient d'en ajouter de récentes qui confirment l'action séda- » tive et l'innocuité *de ce doux succédané de l'opium.* »

Ainsi, l'emploi du Lactucarium promet de soustraire le pays à un impôt considérable qu'il paie à l'étranger, et, ce qu'il y a de plus important encore, lorsqu'il s'agit d'un médicament, le produit indigène est exempt des inconvénients du produit exotique.

Nous ne devons pas négliger de faire remarquer que les résultats obtenus par M. Aubergier ouvrent la voie à de nouvelles applications : les sucs laiteux qui s'écoulent d'incisions pratiquées aux plantes, et qui s'évaporent spontanément par une simple exposition au soleil, sont beaucoup plus riches en principes actifs que nos extraits, avec quelque soin qu'on les prépare. On en trouve un exemple remarquable dans la THRIDACE, extrait préparé par l'évaporation sur le feu du suc obtenu de la laitue en exprimant la plante entière, et que l'expérience médicale a démontré être tout-à-fait inerte. Une différence dans le mode de préparation de deux produits, qui ont pourtant la même origine, en introduit une si grande dans leurs propriétés, que LA THRIDACE EST presque SANS ACTION, *comme l'a très-bien fait remarquer le rapport de l'Académie de médecine,* tandis que le Lactucarium a une efficacité réelle que tous les médecins qui ont étudié ses effets ont reconnue, etc., etc.

OBSERVATIONS

SUR L'EMPLOI DU LACTUCARIUM,

Par M. SERSIRON,

Professeur à l'École préparatoire de Médecine et de Pharmacie de Clermont-Ferrand.

Plusieurs années de recherches ayant enfin appris à retirer de la laitue son suc laiteux en assez grande quantité pour pouvoir le livrer aux préparations de la pharmacie usuelle, j'ai été appelé l'un des premiers à expérimenter cet agent thérapeutique, dont M. Aubergier venait de doter la matière médicale. Voici le résumé succinct d'expérimentations nombreuses répétées depuis trois ans, tant à l'Hôtel-Dieu que dans la pratique civile.

De toutes les préparations de Lactucarium que j'ai successivement essayées, j'ai été amené à reconnaître que la plus facile à employer, celle qui donne les résultats les meilleurs et les plus constants, est le sirop composé d'après la formule de M. Aubergier.

Je dois ajouter que la préparation du sirop de Lactucarium exige une connaissance si complète des propriétés de cette substance, pour ne négliger aucune des précautions nécessaires pour la préserver de toute altération, que ce sirop a besoin, pour réussir, d'avoir été préparé avec tous les soins que lui donne l'auteur.

On donnera ce sirop avec succès dans tous les cas de surexcitation du système nerveux, contre l'insomnie dont s'accompagne souvent la convalescence des maladies de longue durée, contre les palpitations de cœur qui ne résultent pas d'une altération anatomique de cet organe, contre les névralgies intestinales, toutes les fois, enfin, qu'on aura besoin de produire un effet sédatif. Mais c'est surtout dans les affections des organes respiratoires qu'il se montre le plus efficace. Les bronchites légères, si communes dans notre climat, à variations si brusques dans la température, résistent rarement pendant quelques jours à l'usage du sirop de Lactucarium. Les toux convulsives, la coqueluche, sont habituellement amendées d'une manière notable. Les accès diminuent de fréquence et d'intensité.

Dans les catarrhes chroniques, la toux et la sécrétion muqueuse sont notablement diminuées. Les crises qui renaissent à chaque instant en hiver sont promptement dissipées par une cuillerée ou deux de sirop que l'on prend dès le début au moment de se coucher.

Dans la phthisie pulmonaire, l'usage de ce sirop calme les accès de toux et modère l'abondance de l'expectoration. Dans presque tous les cas, les nuits, ordinairement si tourmentées, retrouvent du calme et du sommeil. Ce médicament n'échappe pas au sort commun de tous les agents de la matière médicale, à l'habitude, et par suite à la nécessité d'en augmenter progressivement la dose. Je possède cependant une observation curieuse de sa persistance d'action :

Mme N., âgée de 38 ans, d'une constitution essentiellement nerveuse, avait eu de 18 à 25 ans plusieurs hémoptysies. Assaillie plus tard par des peines de toutes sortes, elle vit se développer chez elle tous les signes de la phthisie pulmonaire. Pendant trois ans j'avais eu recours à tous les moyens employés et préconisés en pareil cas pour combattre les accès de toux, la douleur, l'insomnie. Il est inutile de dire que l'opium, sous toutes les formes, avait été essayé à plusieurs reprises, et toujours sans succès, ou du moins avec si peu de durée, qu'il fallut bientôt y renoncer.

Enfin le sirop de Lactucarium est administré, et aussitôt la toux et l'expectoration diminuent, et le sommeil reparaît. L'usage en est suspendu pendant quelques jours; aussitôt reviennent l'insomnie, les accès de toux, la douleur. Il en a été de même après chaque essai d'abandon de ce remède. Aussi, a-t-il été continué pendant trois mois consécutifs qu'a encore duré la maladie de Mme N., évitant à cette malade des douleurs vainement combattues par d'autres moyens.

Mode d'administration du sirop de Lactucarium de H. AUBERGIER.

La dose ordinaire, chez un adulte, dans les affections légères, est de deux ou trois cuillerées à bouche par jour, prises, la première, le matin; la seconde, à midi; la troisième, le soir. On peut augmenter progressivement cette dose, ou l'administrer par cuillerées à café, d'heure en heure, dans le courant de la journée, en laissant un intervalle d'une heure avant ou après le repas. Le plus souvent je fais prendre le soir et au commencement de la nuit, une cuillerée de sirop, et quelquefois deux; je prescris une autre cuillerée le matin, ou dans le milieu de la journée, pour prévenir les exacerbations qui se présentent dans la soirée.

Pour les enfants, la dose est d'une cuillerée à café, que l'on donne le soir; quelquefois on donne une autre cuillerée à café le matin ou dans le courant de la journée.

Clermont-Ferrand. Imp. de PEROL.

RAPPORT DU JURY D'ADMISSION,

SUR LE LACTUCARIUM,

Présenté par M. AUBERGIER, Fabricant de Produits chimiques et pharmaceutiques,

A CLERMONT-FERRAND.

M. AUBERGIER, docteur ès sciences, professeur à l'école de médecine de Clermont, a présenté au jury environ 50 *kilos* de suc laiteux de la laitue montée, obtenu par incisions et desséché au soleil, que l'on connaît sous le nom de *Lactucarium*. Ce produit est regardé depuis long-temps comme pouvant être employé utilement en médecine. Un grand nombre d'observateurs s'accordent, en effet, pour reconnaître au Lactucarium des propriétés calmantes et somnifères très-prononcées, propriétés qui se manifestent sans entraîner avec elles aucun des inconvénients attachés à l'usage de l'opium. C'est en diminuant la rapidité de la circulation, et par conséquent la trop grande chaleur qui en est la suite, qu'il modère les douleurs, et ramène dans toute l'économie cet état de calme qui détermine le sommeil chez les personnes nerveuses et irritables, aussi bien que chez celles qui sont tourmentées par une insomnie fatigante à la suite de travaux excessifs de cabinet, ou dans les convalescences qui suivent de longues maladies. Il fait passer des nuits tranquilles, sans agitation ni chaleur à la peau, aux sujets valétudinaires qui répugnent à prendre de l'opium ou qui ne peuvent le supporter. L'action du Lactucarium paraît toute spéciale dans les divers états qui supposent une exaltation du système nerveux. Il ralentit et régularise les mouvements du cœur; il calme les accès de toux qui ruinent les forces des phthisiques, et en éloigne le retour. On a encore recours avec succès à ce médicament dans les rhumes, les catarrhes, les toux nerveuses, l'asthme spasmodique, la coqueluche, les spasmes d'estomac, etc. Enfin, l'emploi du Lactucarium est indiqué toutes les fois qu'il s'agit de produire un effet sédatif, sans porter au cerveau, ainsi que le fait l'opium.

Mais la difficulté que l'on éprouvait pour obtenir le suc *laiteux* de la laitue par incisions en avait rendu l'emploi impossible jusqu'à présent. Aussi le docteur Bidault de Villiers, après avoir

exposé les résultats qu'il avait obtenus avec *cinq ou six grammes de Lactucarium* recueillis à grand'peine, faisait-il des vœux pour qu'on parvînt un jour à préparer en grand une substance qui lui paraissait devoir prendre un rang si utile dans la thérapeutique.

Ce but, M. Aubergier est parvenu à l'atteindre en cultivant une espèce de laitue qui acquiert, par la culture, des proportions gigantesques (trois mètres d'élévation). Les surfaces sur lesquelles on opère les incisions étant plus grandes, le suc laiteux en coule en abondance. Peut-être aussi M. Aubergier doit-il rapporter une partie du succès qu'il a obtenu dans les essais dans lesquels tant d'autres ont échoué aux conditions favorables dans lesquelles il était placé, à la fertilité des terrains de la Limagne, cette terre promise pour toutes les cultures.

Les résultats des recherches de M. Aubergier ont été présentés avec des éloges à l'Académie des sciences. On remarque le passage suivant dans un rapport fait à l'Académie de médecine : « Le Lactucarium, *obtenu avec tous les caractères que lui ont attribués les premiers observateurs,* est un médicament précieux. Aux observations faites en Écosse et en France, M. le docteur Bertrand fils vient d'en ajouter de récentes qui confirment l'action sédative et l'innocuité *de ce doux succédané de l'opium.* »

Ainsi, l'emploi du Lactucarium promet de soustraire le pays à un impôt considérable qu'il paie à l'étranger, et, ce qu'il y a de plus important encore, lorsqu'il s'agit d'un médicament, le produit indigène est exempt des inconvénients du produit exotique.

Nous ne devons pas négliger de faire remarquer que les résultats obtenus par M. Aubergier ouvrent la voie à de nouvelles applications : les sucs laiteux qui s'écoulent d'incisions pratiquées aux plantes, et qui s'évaporent spontanément par une simple exposition au soleil, sont beaucoup plus riches en principes actifs que nos extraits, avec quelque soin qu'on les prépare. On en trouve un exemple remarquable dans la THRIDACE, extrait préparé par l'évaporation sur le feu du suc obtenu de la laitue en exprimant la plante entière, et que l'expérience médicale a démontré être tout-à-fait inerte. Une différence dans le mode de préparation de deux produits, qui ont pourtant la même origine, en introduit une si grande dans leurs propriétés, que LA THRIDACE EST presque SANS ACTION, *comme l'a très-bien fait remarquer le rapport de l'Académie de médecine,* tandis que le Lactucarium a une efficacité réelle que tous les médecins qui ont étudié ses effets ont reconnue, etc., etc.

OBSERVATIONS

SUR L'EMPLOI DU LACTUCARIUM,

Par M. SERSIRON,

Professeur à l'École préparatoire de Médecine et de Pharmacie de Clermont-Ferrand.

Plusieurs années de recherches ayant enfin appris à retirer de la laitue son suc laiteux en assez grande quantité pour pouvoir le livrer aux préparations de la pharmacie usuelle, j'ai été appelé l'un des premiers à expérimenter cet agent thérapeutique, dont M. Aubergier venait de doter la matière médicale. Voici le résumé succinct d'expérimentations nombreuses répétées depuis trois ans, tant à l'Hôtel-Dieu que dans la pratique civile.

De toutes les préparations de Lactucarium que j'ai successivement essayées, j'ai été amené à reconnaître que la plus facile à employer, celle qui donne les résultats les meilleurs et les plus constants, est le sirop composé d'après la formule de M. Aubergier.

Je dois ajouter que la préparation du sirop de Lactucarium exige une connaissance si complète des propriétés de cette substance, pour ne négliger aucune des précautions nécessaires pour la préserver de toute altération, que ce sirop a besoin, pour réussir, d'avoir été préparé avec tous les soins que lui donne l'auteur.

On donnera ce sirop avec succès dans tous les cas de surexcitation du système nerveux, contre l'insomnie dont s'accompagne souvent la convalescence des maladies de longue durée, contre les palpitations de cœur qui ne résultent pas d'une altération anatomique de cet organe, contre les névralgies intestinales, toutes les fois, enfin, qu'on aura besoin de produire un effet sédatif. Mais c'est surtout dans les affections des organes respiratoires qu'il se montre le plus efficace. Les bronchites légères, si communes dans notre climat, à variations si brusques dans la température, résistent rarement pendant quelques jours à l'usage du sirop de Lactucarium. Les toux convulsives, la coqueluche, sont habituellement amendées d'une manière notable. Les accès diminuent de fréquence et d'intensité.

Dans les catarrhes chroniques, la toux et la sécrétion muqueuse sont notablement diminuées. Les crises qui renaissent à chaque instant en hiver sont promptement dissipées par une cuillerée ou deux de sirop que l'on prend dès le début au moment de se coucher.

Dans la phthisie pulmonaire, l'usage de ce sirop calme les accès de toux et modère l'abondance de l'expectoration. Dans presque tous les cas, les nuits, ordinairement si tourmentées, retrouvent du calme et du sommeil. Ce médicament n'échappe pas au sort commun de tous les agents de la matière médicale, à l'habitude, et par suite à la nécessité d'en augmenter progressivement la dose. Je possède cependant une observation curieuse de sa persistance d'action :

Mme N., âgée de 38 ans, d'une constitution essentiellement nerveuse, avait eu de 18 à 25 ans plusieurs hémoptysies. Assaillie plus tard par des peines de toutes sortes, elle vit se développer chez elle tous les signes de la phthisie pulmonaire. Pendant trois ans j'avais eu recours à tous les moyens employés et préconisés en pareil cas pour combattre les accès de toux, la douleur, l'insomnie. Il est inutile de dire que l'opium, sous toutes les formes, avait été essayé à plusieurs reprises, et toujours sans succès, ou du moins avec si peu de durée, qu'il fallut bientôt y renoncer.

Enfin le sirop de Lactucarium est administré, et aussitôt la toux et l'expectoration diminuent, et le sommeil reparaît. L'usage en est suspendu pendant quelques jours ; aussitôt reviennent l'insomnie, les accès de toux, la douleur. Il en a été de même après chaque essai d'abandon de ce remède. Aussi, a-t-il été continué pendant trois mois consécutifs qu'a encore duré la maladie de Mme N., évitant à cette malade des douleurs vainement combattues par d'autres moyens.

Mode d'administration du sirop de Lactucarium de H. Aubergier. La dose ordinaire, chez un adulte, dans les affections légères, est de deux ou trois cuillerées à bouche par jour, prises, la première, le matin ; la seconde, à midi ; la troisième, le soir. On peut augmenter progressivement cette dose, ou l'administrer par cuillerées à café, d'heure en heure, dans le courant de la journée, en laissant un intervalle d'une heure avant ou après le repas. Le plus souvent je fais prendre le soir et au commencement de la nuit, une cuillerée de sirop, et quelquefois deux ; je prescris une autre cuillerée le matin, ou dans le milieu de la journée, pour prévenir les exacerbations qui se présentent dans la soirée.

Pour les enfants, la dose est d'une cuillerée à café, que l'on donne le soir ; quelquefois on donne une autre cuillerée à café le matin ou dans le courant de la journée.

Nota. Le sirop de Lactucarium ne sort jamais de la fabrique de produits chimiques et pharmaceutiques de H. Aubergier qu'en flacons portant son étiquette, une capsule en étain sur laquelle se trouve son cachet, et renfermés dans une enveloppe de papier bleu, entourée d'une bande revêtue de la signature de l'inventeur.

Clermont-Ferrand, Imp. de Pitel.

RAPPORT DU JURY D'ADMISSION,

SUR LE LACTUCARIUM,

Présenté par M. AUBERGIER, Fabricant de Produits chimiques et pharmaceutiques,

A CLERMONT-FERRAND.

M. AUBERGIER, docteur ès sciences, professeur à l'école de médecine de Clermont, a présenté au jury environ 50 *kilos* de suc laiteux de la laitue montée, obtenu par incisions et desséché au soleil, que l'on connaît sous le nom de *Lactucarium*. Ce produit est regardé depuis long-temps comme pouvant être employé utilement en médecine. Un grand nombre d'observateurs s'accordent, en effet, pour reconnaître au Lactucarium des propriétés calmantes et somnifères très-prononcées, propriétés qui se manifestent sans entraîner avec elles aucun des inconvénients attachés à l'usage de l'opium. C'est en diminuant la rapidité de la circulation, et par conséquent la trop grande chaleur qui en est la suite, qu'il modère les douleurs, et ramène dans toute l'économie cet état de calme qui détermine le sommeil chez les personnes nerveuses et irritables, aussi bien que chez celles qui sont tourmentées par une insomnie fatigante à la suite de travaux excessifs de cabinet, ou dans les convalescences qui suivent de longues maladies. Il fait passer des nuits tranquilles, sans agitation ni chaleur à la peau, aux sujets valétudinaires qui répugnent à prendre de l'opium ou qui ne peuvent le supporter. L'action du Lactucarium paraît toute spéciale dans les divers états qui supposent une exaltation du système nerveux. Il ralentit et régularise les mouvements du cœur, il calme les accès de toux qui ruinent les forces des phthisiques, et en éloigne le retour. On a encore recours avec succès à ce médicament dans les rhumes, les catarrhes, les toux nerveuses, l'asthme spasmodique, la coqueluche, les spasmes d'estomac, etc. Enfin, l'emploi du Lactucarium est indiqué toutes les fois qu'il s'agit de produire un effet sédatif, sans porter au cerveau, ainsi que le fait l'opium.

Mais la difficulté que l'on éprouvait pour obtenir le suc *laiteux* de la laitue par incisions en avait rendu l'emploi impossible jusqu'à présent. Aussi le docteur Bidault de Villiers, après avoir

exposé les résultats qu'il avait obtenus avec *cinq ou six grammes de Lactucarium* recueillis à grand'peine, faisait-il des vœux pour qu'on parvînt un jour à préparer en grand une substance qui lui paraissait devoir prendre un rang si utile dans la thérapeutique.

Ce but, M. Aubergier est parvenu à l'atteindre en cultivant une espèce de laitue qui acquiert, par la culture, des proportions gigantesques (trois mètres d'élévation). Les surfaces sur lesquelles on opère les incisions étant plus grandes, le suc laiteux en coule en abondance. Peut-être aussi M. Aubergier doit-il rapporter une partie du succès qu'il a obtenu dans les essais dans lesquels tant d'autres ont échoué aux conditions favorables dans lesquelles il était placé, à la fertilité des terrains de la Limagne, cette terre promise pour toutes les cultures.

Les résultats des recherches de M. Aubergier ont été présentés avec des éloges à l'Académie des sciences. On remarque le passage suivant dans un rapport fait à l'Académie de médecine : « Le Lac-
» tucarium, *obtenu avec tous les caractères que lui ont attribués les*
» *premiers observateurs, est un* médicament précieux. Aux obser-
» vations faites en Ecosse et en France, M. le docteur Bertrand
» fils vient d'en ajouter de récentes qui confirment l'action séda-
» tive et l'innocuité *de ce doux succédané de l'opium.* »

Ainsi, l'emploi du Lactucarium promet de soustraire le pays à un impôt considérable qu'il paie à l'étranger, et, ce qu'il y a de plus important encore, lorsqu'il s'agit d'un médicament, le produit indigène est exempt des inconvénients du produit exotique.

Nous ne devons pas négliger de faire remarquer que les résultats obtenus par M. Aubergier ouvrent la voie à de nouvelles applications : les sucs laiteux qui s'écoulent d'incisions pratiquées aux plantes, et qui s'évaporent spontanément par une simple exposition au soleil, sont beaucoup plus riches en principes actifs que nos extraits, avec quelque soin qu'on les prépare. On en trouve un exemple remarquable dans la THRIDACE, extrait préparé par l'évaporation sur le feu du suc obtenu de la laitue en exprimant la plante entière, et que l'expérience médicale a démontré être tout-à-fait inerte. Une différence dans le mode de préparation de deux produits, qui ont pourtant la même origine, en introduit une si grande dans leurs propriétés, que LA THRIDACE EST presque SANS ACTION, *comme l'a très-bien fait remarquer le rapport de l'Académie de médecine*, tandis que le Lactucarium a une efficacité réelle que tous les médecins qui ont étudié ses effets ont reconnue, etc., etc.

OBSERVATIONS

SUR L'EMPLOI DU LACTUCARIUM,

Par M. SERSIRON,

Professeur à l'École préparatoire de Médecine et de Pharmacie de Clermont-Ferrand.

Plusieurs années de recherches ayant enfin appris à retirer de la laitue son suc laiteux en assez grande quantité pour pouvoir l'employer dans les préparations de la pharmacie usuelle, j'ai été appelé l'un des premiers à expérimenter cet agent thérapeutique, dont M. Aubergier venait de doter la matière médicale, et je l'ai employé seul ou associé à des sucs analogues. Voici le résumé succinct d'expérimentations nombreuses répétées depuis trois ans, tant à l'Hôtel-Dieu que dans la pratique civile.

De toutes les préparations de Lactucarium que j'ai successivement essayées, j'ai été amené à reconnaître que la plus facile à employer, celle qui donne les résultats les meilleurs et les plus constants, est le sirop composé d'après la formule de M. Aubergier.

Je dois ajouter que la préparation de ce sirop exige une connaissance si complète des propriétés du Lactucarium pour ne négliger aucune des précautions nécessaires pour le préserver de toute altération, que ce sirop a besoin, pour réussir, d'avoir été préparé avec tous les soins que lui donne l'auteur.

On donnera ce sirop avec succès dans tous les cas de surexcitation du système nerveux, contre l'insomnie dont s'accompagne souvent la convalescence des maladies de longue durée, contre les palpitations de cœur qui ne résultent pas d'une altération anatomique de cet organe, contre les névralgies intestinales, toutes les fois, enfin, qu'on aura besoin de produire un effet sédatif. Mais c'est surtout dans les affections des organes respiratoires qu'il se montre le plus efficace. Les bronchites légères, si communes dans notre climat, à variations si brusques dans la température, résistent rarement pendant quelques jours à l'usage du sirop de Lactucarium. Les toux convulsives, la coqueluche, sont habituellement amendées d'une manière notable. Les accès diminuent de fréquence et d'intensité.

Dans les catarrhes chroniques, la toux et la sécrétion muqueuse sont notablement diminuées. Les crises qui renaissent à chaque instant en hiver sont promptement dissipées par une cuillerée ou deux de sirop que l'on prend dès le début au moment de se coucher.

Dans la phthisie pulmonaire, l'usage de ce sirop calme les accès de toux et modère l'abondance de l'expectoration. Dans presque tous les cas, les nuits, ordinairement si tourmentées, retrouvent du calme et du sommeil. Ce médicament n'échappe pas au sort commun de tous les agents de la matière médicale, à l'habitude, et par suite à la nécessité d'en augmenter progressivement la dose. Je possède cependant une observation curieuse de sa persistance d'action :

Mme N., âgée de 38 ans, d'une constitution essentiellement nerveuse, avait eu de 18 à 25 ans plusieurs hémoptysies. Assaillie plus tard par des peines de toutes sortes, elle vit se développer chez elle tous les signes de la phthisie pulmonaire. Pendant trois ans j'avais eu recours à tous les moyens employés et préconisés en pareil cas pour combattre les accès de toux, la douleur, l'insomnie. Il est inutile de dire que l'opium, sous toutes les formes, avait été essayé à plusieurs reprises, et toujours sans succès, ou du moins avec si peu de durée, qu'il fallut bientôt y renoncer.

Enfin le sirop de Lactucarium est administré, et aussitôt la toux et l'expectoration diminuent, et le sommeil reparaît. L'usage en est suspendu pendant quelques jours ; aussitôt reviennent l'insomnie, les accès de toux, la douleur. Il en a été de même après chaque essai d'abandon de ce remède. Aussi, a-t-il été continué pendant trois mois consécutifs qu'a encore duré la maladie de Mme N., évitant à cette malade des douleurs vainement combattues par d'autres moyens.

Mode d'administration du sirop de Lactucarium de H. AUBERGIER.

La dose ordinaire, chez un adulte, dans les affections légères, est de deux ou trois cuillerées à bouche par jour, prises, la première, le matin ; la seconde, à midi ; la troisième, le soir. On peut augmenter progressivement cette dose, ou l'administrer par cuillerées à café, d'heure en heure, dans le courant de la journée, en laissant un intervalle d'une heure avant ou après le repas. Le plus souvent je fais prendre le soir et au commencement de la nuit, une cuillerée de sirop, et quelquefois deux ; je prescris une autre cuillerée le matin, ou dans le milieu de la journée, pour prévenir les exacerbations qui se présentent dans la soirée.

Pour les enfants, la dose est d'une cuillerée à café, que l'on donne le soir ; quelquefois on donne une autre cuillerée à café le matin ou dans le courant de la journée.

NOTA. Le sirop de Lactucarium de H. AUBERGIER ne sort jamais de la fabrique de produits chimiques et pharmaceutiques de l'inventeur qu'en flacons portant son étiquette, une capsule en étain sur laquelle se trouve son cachet, et renfermés dans une enveloppe de papier bleu, entourée d'une bande revêtue de sa signature.

Clermont, typ. de HUBLER, BAYLE et DUBOS, succ. de M. PEROL.

MÉDAILLE D'OR.   MÉDAILLE D'OR.

EXTRAIT DU RAPPORT

FAIT A L'ACADÉMIE IMPÉRIALE DE MÉDECINE

Dans la Séance du 22 février 1853

PAR LA COMMISSION DES REMÈDES NOUVEAUX ET UTILES

Composée de MM. Orfila, président; Adelon, Poiseuille, Caventou, Robinet; Bouchardat, rapporteur.

MESSIEURS,

M. le Ministre de l'intérieur, de l'agriculture et du commerce nous a transmis une demande de M. Aubergier, tendant à obtenir qu'il soit fait application du décret du 3 mai 1850, concernant les médicaments reconnus nouveaux et utiles, à des produits déjà soumis à l'Académie, et sur lesquels trois rapports favorables nous ont déjà été faits.

Le premier rapport, qui vous a été fait par M. Boullay, constate que le suc laiteux de la laitue, obtenu par incisions et desséché au soleil, a été employé pour la première fois en Écosse, par M. Duncan, qui lui a donné le nom de *Lactucarium*; que Scudamore et quelques autres praticiens ont administré le Lactucarium en Angleterre avec succès, ainsi que Duncan; que le docteur Bidault de Villiers est le premier qui ait essayé d'en obtenir en France, et qu'il dit s'en être procuré à peine 5 grammes, en exprimant le vœu que ce produit pût être obtenu en grand.....

Ce problème ne pouvait être abordé, sous le point de vue sous lequel il a été envisagé et résolu par M. Aubergier, qu'autant qu'on serait placé comme lui dans des conditions convenables pour se livrer à une culture en grand.

Les recherches de M. Aubergier sur le Lactucarium se distinguent surtout par l'application d'une pensée excellente, c'est de comparer les aptitudes des différentes variétés de laitue. Cette comparaison l'a conduit à donner la préférence dans sa culture à la *laitue gigantesque* (Bering), qui fournit facilement, et à un prix proportionnellement très-peu élevé, le *Lactucarium*.

Dans son rapport fait dans la séance du 2 septembre 1851, M. Chevallier a formulé avec le plus grand soin tous les détails du procédé à l'aide duquel il a vu préparer sous ses yeux le suc laiteux de la laitue par incisions. Ce rapport ne laisse plus aucun doute sur la possibilité d'obtenir désormais le Lactucarium en grand pour les besoins de la médecine, quelque développement que puisse acquérir la consommation de ce produit. Aussi le rapport du 28 décembre 1852 a-t-il pu exprimer la pensée à laquelle vous vous êtes associés, que le Lactucarium prendrait la place qui lui appartient dans la prochaine édition du *Codex*.

Nous ne saurions vous proposer de rien ajouter à cette conclusion; nous nous bornons à la rappeler et à la maintenir.

L'Académie a adopté les conclusions de ce rapport dans sa séance du 1ᵉʳ mars 1855, dans les termes suivants :

« Proposer à M. le Ministre d'appliquer les dispositions favorables du décret du 3 mai 1850 aux formules de
» M. Aubergier, formules qui seront officiellement publiées dans le *Bulletin de l'Académie*, dès que le Ministre
» de l'agriculture et du commerce aura donné son approbation. »

Par arrêté, pris conformément aux conclusions du rapport approuvé par l'Académie impériale de Médecine, M. le
Ministre de l'agriculture, du commerce et des travaux publics a appliqué les dispositions du décret du 3 mai 1850, aux
formules présentées par M. Aubergier. (Ces dispositions ont pour objet d'imprimer le caractère légal à la vente des
médicaments reconnus nouveaux et utiles.)

RAPPORT DU JURY D'ADMISSION DE L'EXPOSITION DE 1844

SUR LE LACTUCARIUM DE M. AUBERGIER

A CLERMONT-FERRAND.

M. Aubergier, docteur ès-sciences, professeur à l'école de médecine de Clermont, a présenté au jury environ 50 kilos de suc laiteux de la laitue montée, obtenu par incisions et desséché au soleil, que l'on connaît sous le nom de *Lactucarium*. Ce produit est regardé depuis longtemps comme pouvant être employé utilement en médecine. Un grand nombre d'observateurs s'accordent, en effet, pour reconnaître au Lactucarium des propriétés calmantes et somnifères très-prononcées, propriétés qui se manifestent sans entraîner avec elles aucun des inconvénients attachés à l'usage de l'opium. C'est en diminuant la rapidité de la circulation, et par conséquent la trop grande chaleur qui en est la suite, qu'il modère les douleurs, et ramène dans toute l'économie cet état de calme qui détermine le sommeil chez les personnes nerveuses et irritables, aussi bien que chez celles qui sont tourmentées par une insomnie fatigante à la suite de travaux excessifs de cabinet, ou dans les convalescences qui suivent de longues maladies. Il fait passer des nuits tranquilles, sans agitation ni chaleur à la peau, aux sujets valétudinaires qui répugnent à prendre de l'opium ou qui ne peuvent le supporter. L'action du Lactucarium paraît toute spéciale dans les divers états qui supposent une exaltation du système nerveux. Il ralentit et régularise les mouvements du cœur; il calme les accès de toux qui ruinent les forces des phthisiques, et en éloigne le retour. On a encore recours avec succès à ce médicament dans les rhumes, les catarrhes, les toux nerveuses, l'asthme spasmodique, la coqueluche, les spasmes d'estomac, etc. Enfin, l'emploi du Lactucarium est indiqué toutes les fois qu'il s'agit de produire un effet sédatif, sans porter au cerveau, ainsi que le fait l'opium.

Mais la difficulté que l'on éprouvait pour obtenir le suc laiteux de la laitue par incisions, en avait rendu l'emploi impossible jusqu'à présent. Aussi le docteur Bidault de Villiers, après avoir exposé les résultats qu'il avait obtenus avec cinq ou six grammes de Lactucarium recueillis à grand'peine, faisait-il des vœux pour qu'on parvînt un jour à préparer en grand une substance qui lui paraissait devoir prendre un rang si utile dans la thérapeutique.

Ce but, M. Aubergier est parvenu à l'atteindre en cultivant une espèce de laitue qui acquiert, par la culture, des proportions gigantesques (trois mètres d'élévation). Les surfaces sur lesquelles on opère les incisions étant plus grandes, le suc laiteux en coule en abondance. Peut-être aussi M. Aubergier doit-il rapporter une partie du succès qu'il a obtenu dans les essais dans lesquels tant d'autres ont échoué, aux conditions favorables dans lesquelles il était placé, à la fertilité des terrains de la Limagne, cette terre promise pour toutes les cultures.

Les résultats des recherches de M. Aubergier ont été présentés avec des éloges à l'Académie des Sciences. On remarque le passage suivant dans un rapport fait à l'Académie de Médecine : « Le Lactucarium, *obtenu avec tous* » *les caractères que lui ont attribués les premiers observateurs*, est un médicament précieux. Aux observations faites » en Écosse et en France, M. le docteur Bertrand fils vient d'en ajouter de récentes, qui confirment l'action » sédative et l'innocuité *de ce doux succédané de l'opium.* Il n'a été tour à tour prôné ou décrié que parce qu'on » l'a confondu avec la Thridace qui ne le représente aucunement. »

Nous ne devons pas négliger de faire remarquer que les résultats obtenus par M. Aubergier ouvrent la voie à de nouvelles applications : les sucs laiteux qui s'écoulent d'incisions pratiquées aux plantes, et qui s'évaporent spontanément par une simple exposition au soleil, sont beaucoup plus riches en principes actifs que nos extraits, avec quelque soin qu'on les prépare. On en trouve un exemple remarquable dans la THRIDACE, extrait préparé par l'évaporation sur le feu du suc obtenu de la laitue en exprimant la plante entière, et que l'expérience médicale a démontré être tout à fait inerte. Une différence dans le mode de préparation de deux produits, qui ont pourtant la même origine, en introduit une si grande dans leurs propriétés, que la TRIDACE EST PRESQUE SANS ACTION, *comme l'a très-bien fait remarquer le rapport de l'Académie de Médecine*, tandis que le Lactucarium a une efficacité réelle, que tous les médecins qui ont étudié ses effets ont reconnue, etc., etc.

Exposition universelle de 1855.

EXTRAIT DU RAPPORT DU JURY INTERNATIONAL

DE LA XIIᵉ CLASSE.

M. Aubergier, de Clermont-Ferrand, auquel la XIIᵉ classe décerne la médaille d'honneur, a attaché son nom à des produits importants...........................

Les travaux de M. Aubergier, qui ont reçu à plusieurs reprises la haute approbation de l'Académie impériale de Médecine et de la Société d'encouragement, et les remarquables produits qui témoignent aujourd'hui de l'importance et de l'étendue de sa fabrication, ont paru dignes de la récompense de premier ordre que le jury de la XIIᵉ classe lui décerne.

LACTUCARIUM AUBERGIER

(Extrait alcoolique)

EN GRANULES.

Les granules de Lactucarium représentent la moitié de leur poids environ de Lactucarium, et le dixième d'extrait alcoolique. Le couvercle de la boîte qui les renferme contient un gramme de granules, qui représentent, par conséquent, cinq décigrammes environ de Lactucarium, et un décigramme d'extrait alcoolique. Une granule qui pèse en moyenne deux centigrammes, contient un centigramme de Lactucarium et deux milligrammes d'extrait alcoolique.

La forme de granules a été adoptée pour permettre d'administrer le Lactucarium à l'état d'extrait alcoolique pur, et à telle dose qu'il conviendra au médecin de l'ordonner, sans que le malade soit rebuté par l'amertume du médicament dissimulée par la couche de sucre qui le recouvre.

Il faut avaler les granules rapidement, afin de ne pas donner à cette légère couche de sucre le temps de fondre et de laisser à découvert dans la bouche le médicament dont la saveur amère se ferait alors sentir.

MODE D'ADMINISTRATION

DE LA PATE DE H. AUBERGIER

AU LACTUCARIUM.

Cette pâte est préparée avec la gomme unie au sirop de Lactucarium, dont l'Académie a voté l'insertion au formulaire légal. La forte proportion du principe simplement adoucissant associé dans cette pâte au sirop qui lui communique ses propriétés calmantes, les atténue cependant de manière à ce qu'elle puisse être employée à tout instant du jour en telle quantité que le besoin s'en fasse sentir, sans que son usage, quelque continu qu'il puisse être, apporte le moindre trouble dans aucune des fonctions de l'économie. C'est principalement dans les rhumes, les catarrhes, et toutes les irritations de la gorge, de la poitrine ou de l'estomac, que l'on se trouve bien de laisser fondre constamment dans la bouche un morceau de cette pâte sans la mâcher.

Cette pâte est particulièrement employée comme un utile auxiliaire du sirop dont le mode d'administration est indiqué ci-après, par les personnes qui ne peuvent rester chez elles. On réserve alors l'emploi du sirop pour le matin et surtout pour le soir au moment de se coucher.

Nota. Toute boîte de pâte doit être renfermée dans une enveloppe de papier bleu, portant le chiffre H. A. et entourée d'une bande portant également la signature de l'inventeur, le fac-simile des médailles qui lui ont été décernées par l'École de pharmacie de Paris, et sa marque de fabrique. Chaque morceau de pâte porte la lettre A comme marque de fabrique particulière à ce produit.

OBSERVATIONS SUR L'EMPLOI

DU SIROP DE H. AUBERGIER

AU LACTUCARIUM

PAR M. SERSIRON,

Professeur à l'École préparatoire de Médecine et de Pharmacie à Clermont-Ferrand.

De toutes les préparations calmantes que j'ai successivement essayées j'ai été amené à reconnaître que la plus facile à employer, celle qui donne les résultats les meilleurs et les plus constants, est le sirop préparé d'après la formule de M. Aubergier.

On donnera ce sirop avec succès dans tous les cas de surexcitation du système nerveux, contre l'insomnie dont s'accompagne souvent la convalescence des maladies de longue durée ; contre les palpitations du cœur qui ne résultent pas d'une altération anatomique de cet organe, contre les névralgies intestinales, toutes les fois, enfin, qu'on aura besoin de produire un effet sédatif. Mais c'est surtout dans les affections des organes respiratoires qu'il se montre le plus efficace. Les bronchites légères, si communes dans notre climat, à variations si brusques dans la température, résistent rarement pendant quelques jours à l'usage de ce sirop. Les toux convulsives, la coqueluche, sont habituellement amendées d'une manière notable. Les accès diminuent de fréquence et d'intensité.

Dans les catarrhes chroniques, la toux et la sécrétion muqueuse sont notablement diminuées. Les crises qui renaissent à chaque instant en hiver sont promptement dissipées par une cuillerée ou deux de sirop que l'on prend dès le début au moment de se coucher.

Dans la phthisie pulmonaire, l'usage de ce sirop calme les accès de toux et modère l'abondance de l'expectoration. Dans presque tous les cas, les nuits, ordinairement si tourmentées, retrouvent du calme et du sommeil. Ce médicament n'échappe pas au sort commun de tous les agents de la matière médicale, à l'habitude, et par suite à la nécessité d'en augmenter progressivement la dose.

La dose ordinaire, chez un adulte, dans les affections légères, est de deux ou trois cuillerées à bouche par jour, prises, la première, le matin ; la seconde, à midi ; la troisième, le soir. On peut augmenter progressivement cette dose, ou l'administrer par cuillerées à café, d'heure en heure, dans le courant de la journée, en laissant un intervalle d'une heure avant ou après le repas. Le plus souvent je fais prendre le soir et au commencement de la nuit, une cuillerée de sirop, et quelquefois deux ; je prescris une autre cuillerée le matin, ou dans le milieu de la journée, pour prévenir les exacerbations qui se présentent dans la soirée.

Pour les enfants, la dose est d'une cuillerée à café, que l'on donne le soir ; quelquefois on donne une autre cuillerée à café le matin ou dans le courant de la journée.

Nota. Tout flacon de sirop de H. Aubergier au Lactucarium, sortant de la fabrique de l'inventeur, doit porter son étiquette et une capsule en étain sur laquelle se trouve la marque de fabrique ci-contre. Il doit de plus être renfermé dans une enveloppe de papier bleu, marqué aux initiales H. A. et entourée d'une bande portant la signature H. Aubergier, ainsi que le fac-simile des médailles qui lui ont été décernées par l'École de pharmacie de Paris, par la Société d'encouragement pour l'industrie nationale et aux Expositions universelles de 1855 et 1856. Il doit enfin être accompagné du présent prospectus portant en tête le fac-simile de la médaille d'honneur décernée à la grande exposition universelle de 1855, et des médailles d'or obtenues au concours régional agricole de Clermont-Ferrand en 1855, ainsi qu'à l'exposition universelle agricole de 1856.

1862

Clermont, imprimerie de Ferdinand Thibaud, rue St-Genès, 10.

MÉDAILLE D'OR.   MÉDAILLE D'OR.

RAPPORT

FAIT A L'ACADÉMIE IMPÉRIALE DE MÉDECINE

Dans la Séance du 22 février 1853

PAR LA COMMISSION DES REMÈDES NOUVEAUX ET UTILES

Composée de MM. ONFILA, président; ADELON, POISEUILLE, CAVENTOU, ROBINET; BOUCHARDAT, rapporteur.

MESSIEURS,

M. le Ministre de l'intérieur, de l'agriculture et du commerce nous a transmis une demande de M. Aubergier, tendant à obtenir qu'il soit fait application du décret du 3 mai 1850, concernant les médicaments reconnus nouveaux et utiles, à des produits déjà soumis à l'Académie, et sur lesquels trois rapports favorables nous ont déjà été faits.

Le premier rapport, qui vous a été fait par M. Boullay, constate que le suc laiteux de la laitue, obtenu par incisions et desséché au soleil, a été employé pour la première fois en Ecosse, par M. Duncan, qui lui a donné le nom de *Lactucarium*; que Scudamore et quelques autres praticiens ont administré le Lactucarium en Angleterre avec succès, ainsi que Duncan; que le docteur Bidault de Villiers est le premier qui ait essayé d'en obtenir en France, et qu'il dit s'en être procuré à peine 5 grammes, en exprimant le vœu que ce produit pût être obtenu en grand.....

Ce problème ne pouvait être abordé, sous le point de vue sous lequel il a été envisagé et résolu par M. Aubergier, qu'autant qu'on serait placé comme lui dans des conditions convenables pour se livrer à une culture en grand.

Les recherches de M. Aubergier sur le Lactucarium se distinguent surtout par l'application d'une pensée excellente, c'est de comparer les aptitudes des différentes variétés de laitue. Cette comparaison l'a conduit à donner la préférence dans sa culture à la *laitue gigantesque* (Bering), qui fournit facilement, et à un prix proportionnellement très-peu élevé, le Lactucarium.

Dans son rapport fait dans la séance du 2 septembre 1851, M. Chevallier a formulé avec le plus grand soin tous les détails du procédé à l'aide duquel il a vu préparer sous ses yeux le suc laiteux de la laitue par incisions. Ce rapport ne laisse plus aucun doute sur la possibilité d'obtenir désormais le Lactucarium en grand pour les besoins de la médecine, quelque développement que puisse acquérir la consommation de ce produit. Aussi le rapport du 28 décembre 1852 a-t-il pu exprimer la pensée à laquelle vous vous êtes associés, que le Lactucarium prendrait la place qui lui appartient dans la prochaine édition du *Codex*.

Nous ne saurions vous proposer de rien ajouter à cette conclusion; nous nous bornons à la rappeler et à la maintenir.

En conséquence, votre commission vous propose de répondre qu'il y a lieu d'appliquer le décret du 3 mai 1850 aux préparations du Lactucarium, conformément à la demande de M. Aubergier, et d'insister de nouveau auprès du Ministre, sur l'importance que l'Académie attache à ses utiles et persévérants travaux.

Les conclusions de ce rapport ont été adoptées par l'Académie de Médecine, dans sa séance du 1er mars 1855.

Voici en quels termes deux des principaux journaux de médecine, l'*Union Médicale* et le *Moniteur des Hôpitaux*, rendaient compte de la séance dans laquelle ces conclusions ont été votées :

« Justice est faite, et bien faite ; l'Académie, à une majorité considérable, a voté les conclusions de la
» commission sur la demande de M. Aubergier. Sans doute, tous les inventeurs ne se présentent pas avec les mêmes
» garanties de travail, de résultats, d'honorabilité surtout, que présentait M. Aubergier. Toutes ces conditions
» ont été pour beaucoup dans son succès.
» Il faut d'ailleurs le reconnaître, avec deux défenseurs comme MM. Orfila et Bouchardat, il était impossible
» qu'une cause juste ne triomphât pas. M. Orfila a exposé la question avec cette limpidité, cet esprit pratique par
» excellence, qui font le mérite du savant professeur. Quant à M. Bouchardat, non-seulement il a parlé avec raison,
» avec une connaissance approfondie du sujet ; non-seulement il a montré, à propos du sirop de Lactucarium,
» combien de science on pouvait mettre dans l'édification d'une formule, mais, ce qui paraissait presque
» impossible, il a pu associer à une question pharmacologique des considérations si élevées de progrès, de droit
» scientifique, si l'on peut ainsi dire, touchant le privilége des inventeurs, que l'assistance n'a pas perdu une seule
» des paroles de l'habile rapporteur.
» En résumé, on doit féliciter l'Académie de la décision qu'elle vient de prendre. »

Par arrêté, pris conformément aux conclusions du rapport approuvé par l'Académie impériale de Médecine, M. le Ministre de l'agriculture, du commerce et des travaux publics a appliqué les dispositions du décret du 3 mai 1850, aux formules présentées par M. Aubergier. (Ces dispositions ont pour objet d'imprimer le caractère légal à la vente des médicaments reconnus nouveaux et utiles.)

RAPPORT DU JURY D'ADMISSION DE L'EXPOSITION DE 1844

SUR LE LACTUCARIUM DE M. AUBERGIER

A CLERMONT-FERRAND.

M. Aubergier, docteur ès-sciences, professeur à l'école de médecine de Clermont, a présenté au jury environ 50 *kilos* de suc laiteux de la laitue montée, obtenu par incisions et desséché au soleil, que l'on connaît sous le nom de *Lactucarium*. Ce produit est regardé depuis longtemps comme pouvant être employé utilement en médecine. Un grand nombre d'observateurs s'accordent, en effet, pour reconnaître au Lactucarium des propriétés calmantes et somnifères très-prononcées, propriétés qui se manifestent sans entraîner avec elles aucun des inconvénients attachés à l'usage de l'opium. C'est en diminuant la rapidité de la circulation, et par conséquent la trop grande chaleur qui en est la suite, qu'il modère les douleurs, et ramène dans toute l'économie cet état de calme qui détermine le sommeil chez les personnes nerveuses et irritables, aussi bien que chez celles qui sont tourmentées par une insomnie fatigante à la suite de travaux excessifs de cabinet, ou dans les convalescences qui suivent de longues maladies. Il fait passer des nuits tranquilles, sans agitation ni chaleur à la peau, aux sujets valétudinaires qui répugnent à prendre de l'opium ou qui ne peuvent le supporter. L'action du Lactucarium paraît toute spéciale dans les divers états qui supposent une exaltation du système nerveux. Il ralentit et régularise les mouvements du cœur, il calme les accès de toux qui ruinent les forces des phthisiques, et en éloigne le retour. On a encore recours avec succès à ce médicament dans les rhumes, les catarrhes, les toux nerveuses, l'asthme spasmodique, la coqueluche, les spasmes d'estomac, etc. Enfin, l'emploi du Lactucarium est indiqué toutes les fois qu'il s'agit de produire un effet sédatif, sans porter au cerveau, ainsi que le fait l'opium.

Mais la difficulté que l'on éprouvait pour obtenir le suc *laiteux* de la laitue par incisions, en avait rendu l'emploi impossible jusqu'à présent. Aussi le docteur Bidault de Villiers, après avoir exposé les résultats qu'il avait obtenus avec *cinq ou six grammes de Lactucarium* recueillis à grand'peine, faisait-il des vœux pour qu'on parvînt un jour à préparer en grand une substance qui lui paraissait devoir prendre un rang si utile dans la thérapeutique.

Ce but, M. Aubergier est parvenu à l'atteindre en cultivant une espèce de laitue qui acquiert, par la culture, des proportions gigantesques (trois mètres d'élévation). Les surfaces sur lesquelles on opère les incisions étant plus grandes, le suc laiteux en coule en abondance. Peut-être aussi M. Aubergier doit-il rapporter une partie du succès qu'il a obtenu dans les essais dans lesquels tant d'autres ont échoué, aux conditions favorables dans lesquelles il était placé, à la fertilité des terrains de la Limagne, cette terre promise pour toutes les cultures.

Les résultats des recherches de M. Aubergier ont été présentés avec des éloges à l'Académie des Sciences. On remarque le passage suivant dans un rapport fait à l'Académie de Médecine : « Le Lactucarium, *obtenu avec tous* » *les caractères que lui ont attribués les premiers observateurs,* est un médicament précieux. Aux observations faites » en Écosse et en France, M. le docteur Bertrand fils vient d'en ajouter de récentes, qui confirment l'action » sédative et l'innocuité *de ce doux succédané de l'opium.* Il n'a été tour à tour prôné ou décrié que parce qu'on » l'a confondu avec la Thridace qui ne le représente aucunement. »

Nous ne devons pas négliger de faire remarquer que les résultats obtenus par M. Aubergier ouvrent la voie à de nouvelles applications : les sucs laiteux qui s'écoulent d'incisions pratiquées aux plantes, et qui s'évaporent spontanément par une simple exposition au soleil, sont beaucoup plus riches en principes actifs que nos extraits, avec quelque soin qu'on les prépare. On en trouve un exemple remarquable dans la THRIDACE, extrait préparé par l'évaporation sur le feu du suc obtenu de la laitue en exprimant la plante entière, et que l'expérience médicale a démontré être tout à fait inerte. Une différence dans le mode de préparation de deux produits, qui ont pourtant la même origine, en introduit une si grande dans leurs propriétés, que la THRIDACE EST PRESQUE SANS ACTION, *comme l'a très-bien fait remarquer le rapport de l'Académie de Médecine,* tandis que le Lactucarium a une efficacité réelle, que tous les médecins qui ont étudié ses effets ont reconnue, etc., etc.

Exposition universelle de 1855.

EXTRAIT DU RAPPORT DU JURY INTERNATIONAL

DE LA XIIᵉ CLASSE.

M. Aubergier, de Clermont-Ferrand, auquel la XIIᵉ classe décerne la médaille d'honneur, a attaché son nom à des produits importants............................

M. Aubergier a depuis 1840 livré au commerce de la pharmacie, le Lactucarium ou suc de laitue, soit à l'état brut, soit sous forme de sirop. Cette production d'un médicament utile, a acquis entre les mains de M. Aubergier une grande perfection.

Les travaux de M. Aubergier, qui ont reçu à plusieurs reprises la haute approbation de l'Académie impériale de Médecine et de la Société d'encouragement, et les remarquables produits qui témoignent aujourd'hui de l'importance et de l'étendue de sa fabrication, ont paru dignes de la récompense de premier ordre que le jury de la XIIᵉ classe lui décerne.

MODE D'ADMINISTRATION

DE LA PATE DE H. AUBERGIER

AU LACTUCARIUM.

Cette pâte est préparée avec la gomme unie au sirop de Lactucarium, dont l'Académie a voté l'insertion au formulaire légal. La forte proportion du principe simplement adoucissant associé dans cette pâte au sirop qui lui communique ses propriétés calmantes, les atténue cependant de manière à ce qu'elle puisse être employée à tout instant du jour en telle quantité que le besoin s'en fasse sentir, sans que son usage, quelque continu qu'il puisse être, apporte le moindre trouble dans aucune des fonctions de l'économie. C'est principalement dans les rhumes, les catarrhes, et toutes les irritations de la gorge, de la poitrine ou de l'estomac, que l'on se trouve bien de laisser fondre constamment dans la bouche un morceau de cette pâte sans la mâcher.

Cette pâte est particulièrement employée comme un utile auxiliaire du sirop dont le mode d'administration est indiqué ci-après, par les personnes qui ne peuvent rester chez elles. On réserve alors l'emploi du sirop pour le matin et surtout pour le soir au moment de se coucher.

Nota. *Toute boîte de pâte doit être renfermée dans une enveloppe de papier bleu, portant le chiffre H. A. et entourée d'une bande portant également la signature de l'inventeur, le fac-simile des médailles qui lui ont été décernées par l'École de pharmacie de Paris, et sa marque de fabrique. Chaque morceau de pâte porte la lettre A comme marque de fabrique particulière à ce produit.*

OBSERVATIONS SUR L'EMPLOI

DU SIROP DE H. AUBERGIER

AU LACTUCARIUM

PAR M. SERSIRON,

Professeur à l'École préparatoire de Médecine et de Pharmacie à Clermont-Ferrand.

De toutes les préparations calmantes que j'ai successivement essayées, j'ai été amené à reconnaître que la plus facile à employer, celle qui donne les résultats les meilleurs et les plus constants, est le sirop préparé d'après la formule de M. Aubergier.

On donnera ce sirop avec succès dans tous les cas de surexcitation du système nerveux, contre l'insomnie dont s'accompagne souvent la convalescence des maladies de longue durée ; contre les palpitations du cœur qui ne résultent pas d'une altération anatomique de cet organe, contre les névralgies intestinales, toutes les fois, enfin, qu'on aura besoin de produire un effet sédatif. Mais c'est surtout dans les affections des organes respiratoires qu'il se montre le plus efficace. Les bronchites légères, si communes dans notre climat, à variations si brusques dans la température, résistent rarement pendant quelques jours à l'usage de ce sirop. Les toux convulsives, la coqueluche, sont habituellement amendées d'une manière notable. Les accès diminuent de fréquence et d'intensité.

Dans les catarrhes chroniques, la toux et la sécrétion muqueuse sont notablement diminuées. Les crises qui renaissent à chaque instant en hiver sont promptement dissipées par une cuillerée ou deux de sirop que l'on prend dès le début au moment de se coucher.

Dans la phthisie pulmonaire, l'usage de ce sirop calme les accès de toux et modère l'abondance de l'expectoration. Dans presque tous les cas, les nuits, ordinairement si tourmentées, retrouvent du calme et du sommeil. Ce médicament n'échappe pas au sort commun de tous les agents de la matière médicale, à l'habitude, et par suite à la nécessité d'en augmenter progressivement la dose.

La dose ordinaire, chez un adulte, dans les affections légères, est de deux ou trois cuillerées à bouche par jour, prises, la première, le matin ; la seconde, à midi ; la troisième, le soir. On peut augmenter progressivement cette dose, ou l'administrer par cuillerées à café, d'heure en heure, dans le courant de la journée, en laissant un intervalle d'une heure avant ou après le repas. Le plus souvent je fais prendre le soir et au commencement de la nuit, une cuillerée de sirop, et quelquefois deux ; je prescris une autre cuillerée le matin, ou dans le milieu de la journée, pour prévenir les exacerbations qui se présentent dans la soirée.

Pour les enfants, la dose est d'une cuillerée à café, que l'on donne le soir ; quelquefois on donne une autre cuillerée à café le matin ou dans le courant de la journée.

Nota. *Tout flacon de sirop de H. Aubergier au Lactucarium, sortant de la fabrique de l'inventeur, doit porter son étiquette et une capsule en étain sur laquelle se trouve la marque de fabrique ci-contre. Il doit de plus être renfermé dans une enveloppe de papier bleu, marqué aux initiales H. A. et entouré d'une bande portant la signature H. Aubergier, ainsi que le fac-simile des médailles qui lui ont été décernées par l'École de Pharmacie de Paris, par la Société d'encouragement pour l'industrie nationale et aux Expositions universelles de 1855 et 1856. Il doit enfin être accompagné du présent prospectus portant en tête le fac-simile de la médaille d'honneur décernée à la grande exposition universelle de 1855, et des médailles d'or obtenues au concours régional agricole de Clermont-Ferrand en 1855, ainsi qu'à l'exposition universelle agricole de 1856.*

Clermont, imprimerie de Ferdinand Thibaud, rue St-Genès, 10.

www.ingramcontent.com/pod-product-compliance
Lightning Source LLC
Chambersburg PA
CBHW050618210326
41521CB00008B/1300